图解

养猫百科实用
大全

樊乐翔／主编

沈阳出版发行集团
沈阳出版社

图书在版编目（CIP）数据

图解养猫百科实用大全 / 樊乐翔主编. —沈阳：
沈阳出版社，2025.3. — ISBN 978-7-5716-4732-2

Ⅰ. S829-64

中国国家版本馆 CIP 数据核字第 2025AU4631 号

出版发行：沈阳出版发行集团丨沈阳出版社
　　　　　（地址：沈阳市沈河区南翰林路 10 号　邮编：110011）
网　　　址：http://www.sycbs.com
印　　　刷：北京飞达印刷有限责任公司
幅面尺寸：170mm×240mm
印　　　张：13
字　　　数：130 千字
出版时间：2025 年 3 月第 1 版
印刷时间：2025 年 3 月第 1 次印刷
责任编辑：杨　静　李　娜
封面设计：宋双成
版式设计：宋绿叶
责任校对：高玉君
责任监印：杨　旭

书　　　号：ISBN 978-7-5716-4732-2
定　　　价：49.00 元

联系电话：024—24112447　024—62564926
E—mail：sy24112447@163.com

前 言

由于猫咪天资聪颖，善察人意，体态俊秀，毛色艳丽，活泼可爱，越来越多的现代人选择猫咪作为自己的宠物伴侣。

猫咪不仅能够给人们带来陪伴，还能成为情感寄托的对象。猫咪的温顺、可爱和独立，让许多人在忙碌的工作之余，找到了心灵的慰藉。猫咪会用自己的方式陪伴主人度过每一个孤独的夜晚，成为主人生活中不可或缺的一部分。

猫咪的独特个性也是吸引人们养猫的重要原因之一。它们时而高冷孤傲，时而撒娇卖萌，这种鲜明的反差萌让人欲罢不能。猫咪的每一个小动作、每一个眼神都能引发人们的无限遐想，让人在养猫的过程中不断发现新的乐趣。

相较于养狗及养其他宠物，养猫更为简单、省心。猫咪独立性强，不需要过多的陪伴和照顾，只需要定时喂食、清理猫砂、偶尔陪玩即可。这使得养猫成为了很多忙碌上班族的首选。同时，猫咪的生活习性也相对固定，主人可以很容易地掌握它们的生活规律，从而更好地安排自己的时间。

养只猫咪可以降低人的压力水平，减轻焦虑和抑郁症状。猫咪的呼噜声和亲密接触还能促进主人的睡眠质量。此外，养只猫咪还能增加主人的运动量，有助于提高主人的身体素质。

养只猫咪是一件"真香"的事情，为了解决大家在养猫过程中遇到的各种问题，我们编写了本书。书中介绍了猫咪的品种和习性、如何选择猫咪、猫咪的喂养护理、猫咪的调教与美容，以及疾病的防治。本书针对性、可操作性强，切合家庭养猫的实际情况，是一本非常实用的猫咪驯养参考书。

在这个快节奏的社会中，让我们一起用爱心和耐心去呵护这些可爱的小生命，让它们成为我们生活中不可或缺的一部分。同时，也希望更多的人通过阅读本书，能够了解和掌握养猫知识，让我们共同感受到猫咪所带来的美好和幸福。

值得注意的是，书中介绍的个别猫咪具有攻击性，只做简单的了解不建议家庭喂养。

目 录

第一章 猫咪基础知识

第三章 猫咪的清洁与美容

第四章 猫咪的训练与参展

#

猫咪基础知识

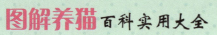

第一节 养猫咪须知

 1. 为什么喜欢养猫咪

　　猫咪是可爱的动物，柔软的毛皮，温和的眼神和优雅的姿态都令人喜欢。猫咪还有许多可爱的举动，如打盹、打滚和蹭人。在生活节奏越来越快的今天，人们大都通过饲养宠物来缓解自己的情绪，养猫咪是现代人最普遍的选择。"猫奴"、"铲屎官"就成为了养猫人士的"专属"称呼。

　　人们对猫咪的喜好是有很多因素的，有人喜欢猫咪美丽的皮毛，有人喜欢猫咪高傲、独立的性格，有的人喜欢猫咪甜甜的叫声，还有人喜欢它们的独立性和自主性。对于一些人来说，养猫咪是一种治愈自身的过程，猫咪的陪伴能让人感到放松和舒心。

　　自古就有养猫咪的记载，中国古代黑猫又称为玄猫，被认为是镇宅辟邪，招财进宝的吉

祥物。权贵人家均有养玄猫，或者摆放黑猫饰品的习惯，以增加家庭的吉祥气息。其实古代不仅有人养猫咪，而且对猫咪的上心程度一点都不亚于今天，甚至慢慢的形成了一种文化。汉武帝时期的东方朔《答骠骑难》中写道："天下良马，将以扑鼠于深宫之中，不如猫。"可以推断出在汉朝就已经有养猫捕鼠的风气了。据传宋代人要将猫接回家就像人类接亲一样，还要给聘礼。如果这只猫咪是有主人的，要想收养这只猫咪，就要给其主人一些食盐作为聘礼；如果是没主人的流浪猫咪，还需要给猫咪妈妈一些"聘礼"。这个习俗一直沿用到了明朝。

在古埃及的信仰中，猫咪被崇拜为神圣的动物。而在许多文化和民间传说中，猫咪也被赋予了各种神秘和幸运的象征意义。这些历史和文化的影响，也使得人们对猫咪有别样的好感。

总的来说，猫咪是一种可爱、自我意识强的宠物，能够帮助人们减压压力和改善心理健康，这就是为什么人们喜欢养猫咪的原因。

重点提示

猫咪可以成为家庭中的重要成员，与主人建立起特殊的情感关系。猫咪不需要每天定时散步，也不需要频繁的互动和交流。这种独立的性格特征，使许多人喜欢与猫咪一起生活。抚弄猫咪可以释放身体中的激素，这是一种能够促进放松和幸福感的荷尔蒙。

2. 与猫咪相处是一种交流

喜欢猫咪是从欣赏开始的，无论是因为猫咪的乖巧玲珑，俊美可爱的外表，还是因为猫咪独立的性格特性才把猫咪领回家的，只要每天看着猫咪梳理毛发，看着猫咪跑闹发疯，看着脖上坠着可爱的铃铛，看着猫咪因为主人抚摸的舒服而打着呼噜，就会给猫咪主人带来心情的愉悦和心灵上的享受。

宠爱，也是一种交流。当用"喵喵"或"咪咪"这样的昵称呼唤着自己的猫咪时，它会用温顺的目光静静地注视着自己；当自己劳累了一天，拖着疲惫的身体打开屋门的一瞬间，猫咪可能正欢快地跑来迎接自己；它也是懂得感情的，在自己快乐的时候它欢畅，在自己郁闷的时候，它会沉默；它会为自己偶尔犯下的错误而胆怯害怕……这种同样来自于心灵的交流跟人和人之间的沟通相似且相通。

 ## 3. 猫咪的寿命有多长

由于环境和饮食条件不断得到改善，猫咪的寿命有所增长。精心喂养的猫咪，大多数都能活到 10 年以上，甚至有的可以活 20 年，最高可达 30 年。猫咪在 8 ~ 9 岁时，开始进入老年期，大约相当于人的花甲之年。关于猫咪年龄的计算方法是这样的，猫咪出生后一年，就相当于人的 20 岁，是个标准的成年人了。幼猫咪阶段只有短短的 6 到 7 个月，猫咪是成年阶段较长的动物。猫咪过了 1 岁以后，每过一年就相当于我们人类的 4 年，这也就是说，2 岁的猫咪相当于人的 24 岁，3 岁的猫咪等于人的 28 岁。猫咪到 10 岁时，已到了人类的 56 岁，很快就到了暮年。猫咪即使是活 20 年，但它的寿命和人的寿命相比实在是太短，因此，我们应对自己的猫咪精心呵护，让它幸福地度过一生。猫咪龄与人龄比较见表：

人和猫年龄对照表

阶 段	猫的年龄	人的年龄	阶 段	猫的年龄	人的年龄
幼猫期	1 个月	1 岁	成猫期	2 岁	24 岁
	2 个月	3 岁		3 岁	28 岁
	3 个月	5 岁		4 岁	32 岁
	8 个月	11 岁		5 岁	36 岁
	1 岁	20 岁		6 岁	40 岁
中年期	7 岁	44 岁	高龄期	12 岁	64 岁
	8 岁	48 岁		14 岁	72 岁
	9 岁	52 岁		16 岁	80 岁
	10 岁	56 岁		18 岁	88 岁
	11 岁	60 岁		20 岁	96 岁

4. 猫咪走路为什么没有声音

猫咪走路没有声音的原因，要从猫咪的脚掌构造谈起。

猫咪的前脚掌生有 5 个脚趾，后脚掌生有 4 个脚趾，且每只脚掌上都生有厚厚的柔软的大肉垫，这些肉垫像弹簧垫一样。猫咪的每个脚

趾的下边又有小趾垫。这些肉垫起到消音的作用，因此，猫咪走路时完全没有声音，使它们可以悄悄地接近猎物，一下子猛扑过去，不给猎物逃跑的机会。

猫咪脚掌上厚厚的柔软大肉垫还有另外的作用。猫咪从高空跳下

来时，总是四肢的脚掌先落地，肉垫可以起到缓冲的作用，不使身体受伤。

5. 猫咪身上的毛有什么特点

猫咪的被毛有着重要的功能，它可缓解意外碰撞等机械性损伤，保护猫咪身体的安全；在寒冷的冬天，稠密的被毛还可保暖，增强猫咪的御寒能力；在炎热的夏季，被毛疏密有致，成为身体的"散热器"，起到降低体温的作用。

被毛的颜色，由色素物质含量的多少而决定，含色素少的毛色淡，含色素多的毛色深。最常见的毛色有：黑色、白色、红色、褐色、黄色、青灰色．以及各种组合毛色：丁香色、奶油色、巧克力色、银灰色等。

猫咪每年都要换两次被毛，春季、秋季各换一次。家养猫咪因晚上有灯光的照射，每年可换被毛三至四次。

有时，猫咪因外伤或皮炎引起被毛脱落，露出一片光秃秃的皮肤，过不多久新的被毛便逐渐长出，令人惊叹的是，新被毛与全身旧被毛竟是浑然一体，毫无二致。

猫咪的被毛与人的头发不同，它不像人的头发能长得很长，它的被毛长到一定长度后，就不再生长了。刚出生猫咪的被毛生长速度和人的头发差不多，每周约生长 2 毫米。

养猫者必须注意猫咪的被毛清洁和梳理，保持皮肤干净，以促进被毛生长，使猫咪的美丽"外衣"能更好地发挥屏障的作用。

6. 猫咪是怎么捕猎的

猫咪是以肉食为主的杂食动物。捕猎行为是猫咪的原始本性。猫咪的牙齿和爪都十分尖锐，善于捕捉小动物。猫咪的消化系统构造，也具有典型的肉食动物的特征。从前猫咪所需的营养，都来自所捕获的猎物，而现在家养猫咪营养的主要来源是"猫粮"。有时自己也适当捕食老鼠，但这改变不了猫咪捕猎的本能。

猫咪捕猎的方法是待伏型短时速出击战。由于猫咪的运动系统结构特征决定了猫咪具有四肢运动频率快、幅度大、奔跑速度快的特点，但它耐久力较差。因此猫咪捕猎不像狗那样拼命追逐猎物，搞"持久战"，而是有点"守株待兔"的味道。猫咪捕猎时，充分发挥它的智慧，它可以在一片开阔的地里耐心地等待很长时间，利用其灵敏的听力、视力观察周围小猎物的动静，一旦发现猎物，它会悄悄地从背后贴近猎物。由于猫咪的四只脚掌长有厚厚的肉垫，行走时不会发出一丝响声，即使靠近猎物，也不会被发觉，猫咪待靠近猎物时，再把腹部差不多挨着地面那样使身体降低，后腿像弹簧那样猛跳，对准猎物猛扑，绝不允许猎物有喘息的时间，一发必中。有的猫咪会用牙齿咬住猎物的颈部，然后咬断颈椎，使猎物迅速死亡。而有的猫咪害怕猎物没被咬死而逃跑，或进行反击，它抓住猎物后不是立即吃掉，而是将猎物当玩具似的翻转、戏弄，直至"猎物死亡"。

捕猎这一本能从个体发育来看，虽然小猫咪存在原始天赋，但高超的技巧需要后天的学习，猫咪妈妈的言传身教尤为重要。在乡村，猫咪妈妈经常从野外带回活猎物，并亲自教小猫咪如何用牙和爪来捕捉，小猫咪学得认真且兴趣盎然，这能满足它们的原始需求。

重点提示

　　猫咪捕猎是一种本能，但会随着家养及驯化程度的提高而逐渐弱化，如高度驯养的纯种波斯猫，只在潜意识中存在着很弱的原始捕猎动机，只要能给其玩具或假设猎物去玩，就能满足其捕猎的原始需求了。

7. 猫咪为什么善于爬高

　　当猫咪受到攻击时，它会迅速地爬到高处。猫咪善于爬高，也是它捕猎和逃避敌害的需要。我国古代有个传说，当年虎拜猫咪为师，学成之后，虎却想伤害猫咪，由于猫咪已知虎心术不正，留了一手爬树的绝招未授，使自己幸免于难。猫咪善爬高，主要由于它四肢长有弯钩状的利爪，前五后四。平时爪子不露在外，包在趾球套中，收缩于掌内，走路时肉垫落地，保护着利爪。只有当猫咪采取攻击行为时才伸出爪，故爪又是猫咪捕猎和搏斗的有力武器。猫咪爬树时，用利爪攀爬而上，由于爪钩是朝后生长的，所以猫咪上树容易下树难。猫咪下树时往往是滑溜而下或是跳下。也有胆小的猫咪，在高处徘徊不敢跳，"咪、咪"直叫唤，最后还得求助于人。

8. 猫咪的肢体语言表达什么

猫咪可以通过身体不同部位的姿势表达不同的意思，尤其是尾巴、眼睛、耳朵、嘴、脚等最具有表现力，称此为体语。据研究，猫咪的体语可多达60多种，其中头部的倾斜，尾和耳的不同位置以及脸部表情的变化，是常用的体语。

猫咪尾巴像旗杆一样笔直立起来，是满足、安全、得意的表现。尾巴来回抽动时，是愤怒、向猎物猛扑前的表现。尾巴慢慢移动时，是告诉主人它不高兴，不愿被打扰，好像是在说："请躲开，我正烦着呢！"当猫咪尾伸直并伴有"呜呜"的叫声，表示它很高兴、很满意，特别是在主人为其准备膳食时常出现这种姿势。当尾毛竖起，使尾巴像鼓槌样粗壮时，是敌意、恫吓的表现。尾巴有气无力地向下耷拉时，是生病、悲伤、不安、警戒、害怕的表现。

猫咪的眼睛眯成细丝样，是吃饱、满足、困倦的表现；眼睛慢慢地变细或睁开，是舒适、爱情的表现；两眼瞳孔急速最大限度地展开，是兴奋、害怕的表现；眼睛特别有神，是发现小鸟、昆虫时跟踪猎物的表现。

猫咪的耳朵竖立起来并来回转动，是表示在注意倾听动静；如两耳紧紧地向后倾倒，是愤怒、害怕、不快的表现。

若猫咪背部弓起，体毛向逆方向竖立，这是最大的恫吓表现；猫咪在门前像球样团坐着不动，两只耳朵一下一下地活动，是等待有人进出时开门让其进去的表现。

猫咪用前爪抚摸人的脸、腕，用身体蹭人的脚、腿，用头顶触人的手掌，都是亲昵的表现；猫咪坐在人的膝上，用前脚作揉面样动作，又轻轻地把脚立起，是撒娇的表现。当亲近的人与猫咪打招呼，喊它名字时，而猫咪闭着眼睛或望别处，同时其尾巴"巴达、巴达"打着地面，表示懒洋洋地答应。

9. 猫咪的叫声表达什么意思

猫咪还可用叫声表达感情，表达方式基本上用两种不同的声调来表现，即"喵喵"声和"呜呜"声。"喵喵"有不同的变调，每种变调都有不同的意思。"呜呜"声是猫咪闭口时发出的颤音。养猫者都会体会到猫咪的"喵喵"声可有柔软、激昂、安静和尾音延长等不同声调，分别表示求食、热爱和高兴等不同情感。猫咪的"呜呜"声比较甜柔，

是猫科动物摩擦声带发出的特有颤音，常用来表达欢乐时的满足以及对主人的热爱，当猫咪感到幸福时，不断重复像音乐似的"呜呜"声。

猫咪的语言能力因年龄、品种及个体不同而有差异。幼猫咪在 12 周龄前，语言的表达能力不强，12 周龄后逐渐发育如成年猫咪那样的语言能力。猫咪的品种不同，语言表达能力也大不相同。有的猫咪默默无声，有的猫咪则叫个不停，直到主人满足了它的要求才罢休。一般来讲，亚洲种猫咪，特别是暹罗猫，比欧美种猫咪有更强的语言能力。

　　猫咪对猫咪、猫咪对人在不同场合会用不同的鸣叫来表示不同的感情。猫咪在高兴、喜欢时，鸣叫声音短促而清晰，每一个叫声都有高有低；猫咪愤怒时，发出"呜呜"的威吓声，有时也发生较大的吼吓声；猫咪撒娇时，常从"呼噜呼噜"的喉咙中发出可爱的"喵喵"叫声；当猫咪失去同伴或母仔分离时，离别之情使猫咪十分悲哀，此时，猫咪不思饮食，四处走动，来回游荡，发出呼唤同伴或子女的悲哀的"喵喵"声，一声哀似一声，让人听后不禁为之动容。

　　当猫咪遇到争斗对手时，如果同时有几只公猫咪争相与一只发情求偶的母猫咪交配时，或当猫咪刚到一个生疏的环境，或陌生人触碰它时，都会发出愤怒的叫声。此时，发怒猫咪尾巴高高竖起，来回摆动，尾毛竖立而显得非常粗壮，不断发出"呜呜"的吼声，并伴有前肢不断前踏或拍打的声音，腰背微弯，呈弓背状待出击的架势。

　　母猫咪发情求偶场合多在夜间，鸣叫声恳切、响亮。如将发情母猫咪关在笼子里或室内，使其不能求偶交配时，母猫咪会发出悲哀的"喵喵"叫声。公猫咪向母猫咪发出的求偶交配信号，也是通过尖厉的叫声传向远方。

10. 猫咪的眼睛有什么特点

　　猫咪的眼睛就像一架设计精巧的照相机，眼球前方的瞳孔，相当于照相机的光圈快门，可控制进入眼球光线的强弱。在瞳孔的后面有一双面凸的晶状体，相当于照相机镜头里面的凸透镜，可起到聚焦的作用。在眼球的底部，有一视网膜，相当于感光胶片。视网膜与视神经相连。光线首先通过瞳孔进入晶状体，晶状体凸面的弧度可以调节，从而使光线的焦点正好落在视网膜上，视网膜里面有感光细胞，受光线的刺激后产生兴奋冲动，这种冲动经视神经传入大脑产生视觉。猫咪的视力很敏锐，在光线很弱甚至夜间也能分辨物体，而且猫咪也特别喜欢比较黑暗的条件。因此，在白天日光很强时，猫咪的瞳孔几乎完全闭合成一条细线，尽量减少光线的射入，而在黑暗的环境中，瞳孔开得很大，尽可能地增加光线的通透量。在一天当中，随着光线的变化，猫咪瞳孔呈现不同的形状。瞳孔的这种开大和缩小，就像照相机快门一样迅速，保证猫咪在快速运动时，能根据光的强弱、被视物体的远近，迅速地调整瞳孔，对好焦距，明视物体。

　　猫咪的视野很宽，两只眼睛既有共同视野，也有单独视野，每只眼睛的单独视野在150°以上，两眼的共同视野在200°以上。而人的单独视野只有100°左右，单独视野没有距离感，共同视野有距离感。由于猫咪调节晶状体厚度的毛样体的性能差，所以只能在2～6米的部位聚焦，看清物体。猫咪只能看见光线变化的东西，如果光线不变化，猫咪就什么也看不见。所以，猫咪在看东西时，常常要稍微地左右转动眼睛，使它面前的景物移动起来，才能看清。猫咪是色盲，在猫咪的眼里，整个世界都呈现深浅不同的灰色。

如果仔细地观察猫咪的眼睛，就可发现猫咪有一层特别的"眼皮"，横向来回地闭合，这就是第三眼睑，又叫瞬膜，位于正常眼睛的内眼角。第三眼睑对眼睛具有重要的保护作用，第三眼睑患有疾患时会影响猫咪的视力和美观。因此，平时要注意保护好猫咪的第三眼睑，不能用手摸，有病要早治疗。

11. 猫咪的听觉有什么特点

　　猫咪的听觉十分灵敏。据测验，猫咪可听到的声频在 60 ~ 65000hz 之间的声音，而人能感知的声频是 20 ~ 20000hz，就是说有许多声音猫咪能听到而人却听不到。猫咪对声音的定位功能也比人强，它能区别出 15 ~ 20 米远、距离 1 米左右的两个相似的声音。猫咪耳朵就像是两个雷达天线，在头不动的情况下，可做 180°的摆动，从而使猫咪能对声源进行精确的定位。猫咪能熟记自己主人的声音，如脚步声、呼唤自己名字的声音等。

　　猫咪也有先天性耳聋。有人认为蓝眼睛的猫咪听不见声音，其实这是一种错误的观点。比如暹罗猫绝大部分是蓝眼睛，但耳聋的比例却很小。不过有人做过统计，蓝眼睛的白猫耳聋的

比例比较高，这可能与遗传特性有关。患有先天性耳聋的猫咪真的一点声音也听不到吗？实际情况并非如此，对有些声音耳聋猫咪能"听"到，不过不是通过耳朵，而是通过四肢爪子下的肉垫来"听"（感知）。正常情况下肉垫里就有相当丰富的触觉感受器，能感知地面很微小的震动，猫咪就是用它来侦察地下鼠洞里老鼠的活动情况。耳聋猫咪肉垫里的感受器更多，可以通过某些声音使地面产生震动而被猫咪"听"到，这样再结合正常的视力，耳聋猫咪也能十分健康地生长发育。

12. 猫咪的嗅觉有什么特点

猫咪的嗅觉也很发达。猫咪的嗅觉部位位于鼻腔的深部，叫嗅粘膜，面积有 2040 平方厘米，比人的大两倍，里面约有 2 亿多个嗅细胞。这种细胞对气味非常敏感，能嗅出稀释 800 万倍的麝香气味。当气味随吸入的空气进入鼻腔后，就能刺激嗅细胞发生兴奋而产生冲动，沿嗅神经传入猫咪大脑，产生嗅觉。猫咪的嗅觉可以和狗相媲美，但人们只充分利用了狗的嗅觉功能，而对猫咪却弃置不用。原因就是猫咪不愿受人的摆布，它的许多功能只是在对自己有利时才使用。

猫咪的灵敏嗅觉，不仅是为了捕食，还能识别侵入它势力范围的猫咪，并通过嗅味来判断是自己人、朋友，还是流浪的猫咪，还能探寻出发情期猫咪的气味等。如猫咪靠灵敏的嗅觉寻找食物，捕食老鼠，辨认自己产的仔猫咪。仔猫咪生下后的第一件事，就是靠嗅觉寻找母猫咪的乳头。在发情季节，猫咪身上有一种特殊的气味，公母猫咪对这种气味十分敏感，在很远的距离就能嗅到，彼此依靠这种气味互相联络。

猫咪的鼻端还有鼻纹，像人的指纹一样，不同的猫咪，其鼻纹也不一样。

重点提示

　　猫咪的味觉也很发达，能感知苦、酸和咸的味道，对甜味不敏感。喂给稍有发酸变质的食物，猫咪就会拒绝进食。猫咪能品尝出水的味道，这一点是其他动物所不及的。因此，给猫咪流食时，一定要注意。猫可以吃甜食，但对身体造成负担。

13. 猫咪的舌头有什么作用

　　猫咪的舌头非常"粗糙"，有什么作用呢？原来猫咪是食肉动物，喜欢吃肉食，俗语说："好肉长在骨头上"，因此，猫咪更爱吃骨头上的肉。怎么吃呢？就靠舌头上的粗糙突起，像把锉刀把骨头上的肉舔刮得干干净净。除此之外，舌头还有其他作用。

　　①能起清洁的作用，它可以把自己毛上沾的脏东西舔得一干二净；

　　②能起梳子的作用，它可以梳理身上杂乱无章的毛，使其舒展平顺；

　　③具有除害的作用，它可以捕捉身上的虱子和跳蚤等；

　　④能起匙子的作用，它可以把水舀起来，靠舌头的伸缩就能饮水。

　　但是，粗糙的锉刀状舌头，外加许多倒刺，却常给猫咪带来麻烦。每当骨刺或铁钉等物误入口腔后，因只能吞咽，而不能吐出，会给猫咪的胃肠造成一些伤害。

　　值得一提的是，猫咪的舌头怕吃热东西，这是因为自然界的一切天然食物没有一样是热的。人的舌头，在很早很早没有吃熟食以前，也像猫咪的舌头一样，不能吃热东西。到了后来，随着人类饮食生活的变化，逐渐适应能吃热东西了。当今，人们把不爱吃热东西的人，戏称为"猫舌头"。

猫咪能吃过冷的食品吗？猫咪的肋骨比较弱，即使是只吃了少量凉的东西，也可能导致引发肠胃炎，所以在饲养猫咪的过程中，主人最好给猫咪投喂常温的食物和水。

14. 猫咪的爪子有什么特点

爪是猫咪最有力的武器，在战斗中它可以给敌人致命的一击，当然在打不过对方时，猫咪爪也是爬树上墙最好的工具。

猫咪的前脚有 5 个弯钩一样的利爪，平时不露出来，每个爪下都有一个弹性很好的肉垫，起缓冲的作用，对猫咪的奔跑跳跃有很大帮助，可以使猫咪悄无声息地接近猎物。后脚爪有 4 个，向内侧弯曲，爪形很粗，与前爪有很大差异，且弯曲度稍缓些，爪尖也不如前爪尖锐。这是因为后爪主要支撑着猫咪的身体，跑起来的时候需要用力蹬着地面，就这样逐渐被磨钝了。所以，看后爪的形态可以分辨出猫咪的年龄。

猫咪使用爪子时，尽可能地把它叉开，让爪尖全部露出来，并且

重点提示

猫咪的胡须是一种非常敏感的触觉感受器，也是猫咪身上的又一个超一流的雷达。猫咪的胡须可以利用空气振动所产生的压力变化来识别和感知物体，在某些情况下可起到眼睛的作用。在遇到狭窄的缝隙和孔洞时，用胡子探测孔洞大小，确定能否通过，胡须又被当作测量器。

能快速合拢抓住猎物，使其不能逃掉；猫咪爬树时，用其利爪牢牢抓住树干攀越而上，但猫咪爪的钩都向后生长，因此上树容易，下来难，我们时常可以看见猫咪被困在树上的情形，最后还得有人上去把它抓下来。

在小猫咪出生三四个月之内，它的爪还不能伸缩自如，应该经常帮它修剪一下，以防把人抓伤。

15. 猫咪为什么喜欢捉老鼠

在野生状态下，猫咪靠捕猎小动物生存，那么它为什么特别喜欢捕捉老鼠呢？一种叫作牛磺酸的物质能够提高夜视力，猫咪的体内不能合成牛磺酸，而老鼠含有大量的牛磺酸，猫咪就以捕食老鼠维持和提高夜视能力。

猫咪的身手敏捷，能轻快地跳上跳下，猫咪的跳跃高度为身长的 5 倍，又有一对非常灵敏的耳朵，能明辨出老鼠走动的声音从哪里发出，往哪个方向跑。所以，它在暗处能顺利地捉到老鼠。猫咪捕猎老鼠的能力比蛇和黄鼠狼强得多，蛇中的捕鼠能手黑眉锦蛇一天只能吞食 4～5 只老鼠，黄

鼠狼一天捕食 1 只老鼠，而猫咪一昼夜能捕杀 20 只老鼠。

当我们把家养猫咪喂饱后，它就将捕猎当作了游戏，但是它一旦

看见老鼠，就不会放过，宁可不吃也要扑上去咬死。但是有的"贵族猫"捕鼠习性减退，甚至能让老鼠趴在它身上戏耍。

16. 猫咪为什么喜欢在夜间活动

　　猫咪至今还保持着肉食动物那种昼伏夜出的习惯。猫咪有很多活动如捕猎、求偶交配等都在晚上进行，每天黎明和傍晚是猫咪活动最频繁的时候。而白天，猫咪总在懒洋洋地睡大觉，因此我们经常说"懒猫"。

　　猫咪每天睡觉的时间大约有 16 个小时左右，当然还要受年龄、气候、发情期等的影响。比人的睡眠多 1 倍。猫咪的睡眠与人不同，不像人那样集中睡觉，而是分次睡，每次约 1 小时左右。猫咪对睡觉

场地选择十分小心，夏天它能准确无误地找到一个通风凉快的地方。冬天，它会随太阳的移动换几个暖和的地方。尽量争取舒适，然后再无忧无虑地打起呼噜。

　　猫咪睡觉也分深睡和浅睡。经研究发现，猫咪深睡和浅睡是交替进行的，每次深睡约 6 ~ 7 分钟，再是 20 ~ 30 分钟的浅睡，因此一

天中，其实猫咪深睡的时间约仅占 1/4，只有 4 个小时左右，这一特点表现了猫咪的警觉性，一旦发现周围有动静，它会立即惊醒。

猫咪夜间活动的这一习性，不为多数养猫者欢迎，尤其是夜晚母猫咪求偶的叫声和公猫咪争偶的打架声，令人生厌，但这是猫咪的本性，很难纠正。只有经过调教，可稍微得到改善。

第二节 国内猫咪品种

1. 山东狮子猫

山东狮子猫起源于山东临清又称临清狮子猫。目前分布十分广泛，遍布全国各地，受到广大猫迷的喜爱。我们通常见到的山东狮子猫分为长毛种和短毛种。

山东狮子猫一般全身白色，头部介于圆形和楔形之间，属于中间脸形，额头圆润，耳位适中。长毛品种耳部有饰毛。眼睛大而明亮，略呈杏核状，眼色可以呈蓝色、

绿色、橙色或双色眼（一只眼睛黄，一只眼睛蓝）。鼻部略长而直，过渡圆润平滑但没有明显的额段，鼻肤从粉红色过渡到砖红色。通常下颌弧度适中，但结实有力度，咀嚼有力。

成年公猫咪，特别是短毛品种，腮部可以出现赘肉，绝育后更为明显，体型中到大型，身体结实有力，胸腔深，肌肉发达，四肢长短

适中，结实有力，尾适中，平衡好。长毛种，毛发长而密，耐寒性好，需经常梳理。短毛种，毛发中长，紧实茂密，易于打理。

山东狮子猫发展历史悠久，杂交现象较为普遍，性格多样而复杂，表现的不太稳定，多数胆小，害怕生人，喂养时建议选择性格良好，与人亲近的最佳。山东狮子猫是在我们中国养殖数量最大的猫种之一，这种猫咪的繁殖力很强，一般一胎能生3～6只，一年生2～3窝。

2. 简州猫

简州猫，源于我国四川省简阳市，历史悠久，传说中是四耳神猫的后裔。这种猫咪天生拥有四只耳朵，象征着聪明伶俐、听力超群。在古代，简州猫被视为吉祥之兆，常被达官贵人饲养，用以守护家园、驱邪避凶。它们的体型强壮，骨架大，身手灵活，颜色各异，各有韵

味。在古代，简州猫以其优雅的气质和出色的捕鼠能力，深受皇室后宫的喜爱。许多达官贵人不惜千金，从简州求得一只简州猫，以彰显自己的情趣和高雅。然而，随着时代的变迁，外来猫种的引入，简州猫的地位逐渐下降，甚至曾一度被视为资产阶级的玩物，遭到排斥和打压。简州猫一年怀1～2窝，一窝生2～3只。

3. 狸花猫

中国狸花猫与山东狮子猫一样，正在繁育稳定基因的过程中，到目前已经能够追溯到第5代了。一般纯种猫咪的血统确定与否，主要是看它们的基因是否稳定。基因稳定是指：每次母猫咪所繁育的幼猫咪根据遗传学，拥有稳定的体型、相貌、花色、性格等。

一般而言，猫咪的体型、相貌、花色相对比较容易稳定（目前狸花猫的以上特征都已经非常稳定了），而性格的稳定就比较难，有的爱玩儿，有的胆小，有的脾气暴躁。

性格并不是繁育驯养5代就能稳定的，它需要更多的筛选和淘汰。在筛选时，选择性格好的幼猫咪进行下一次的繁育，依次类推，直至得到完美的种猫为止。狸花猫的毛短而有光泽，颈部、腹部下面的毛色是灰白色，身体其他各个部位都有棕黑色的条纹，像虎皮，四肢及尾部有环状花纹。颈上至少有一个完整的环。

重点提示

　　狸花猫被毛的花纹有很多，主要的毛色有：棕色鱼骨刺虎斑、棕色斑点、棕色碎虎斑、灰黑色鱼骨刺虎斑、灰黑色斑点、灰黑色碎虎斑等。一般公猫咪体型比母猫咪大，公猫咪的腮部会有明显的腮肉。

4. 中国玄猫

　　中国玄猫属于中华田园猫的一种，又称黑猫，因全身黑色的毛发而得名。在中国历史文化中，玄猫被视为辟邪之物，具有驱除邪灵的作用，在古代玄猫被赋予了镇宅、辟邪等美好寓意，被视为吉祥的象征。玄猫的被毛在太阳光照射下会呈现赤红色的反射效果，使其在视觉上呈现出一种神秘感。这种猫咪不仅在古代受到人们的喜爱，而且在现代社会中，因其独特的毛发颜色和性格特点，仍然受到许多人的青睐。玄猫每年能怀2～4窝，一窝生2～5只。

5. 三花猫

　　三花猫属于中华田园猫的一种，三花猫身上同时拥有白色、黑色、橘色三种颜色。和玳瑁猫不同，虽然花色都随机分布，但三花的色块边界更清晰，白色占比居多，似奶牛。三花猫看上去有三种颜色，实际是遗传双亲的两种颜色（黑色、橘色），加上它原本的白色。三花

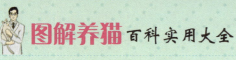

猫的颈下、胸部和腹部为白色，头部及背部为条状或块状黑色、橘色，臀部和尾巴为黑色。之所以三花多数为母猫咪，是因为遗传学认定猫咪的毛色遗传为"伴性遗传"，不同颜色的色块其实是猫咪 DNA 的外在表现，是由性染色体所决定的。但也有个别三花为公猫咪，但公猫咪大多有繁殖障碍。三花猫性格温顺，非常聪明，而且招财猫的原型就是三花猫。三花猫一年能怀 2 ~ 4 窝，一窝生 3 ~ 5 只。

第三节 国外猫咪品种

1. 波斯猫

波斯猫原产于土耳其，是由安卡拉猫和安哥拉猫杂交培育而成，它是一种长毛猫。在纯种猫咪中，波斯猫占有极其重要的地位，在世界范围内，波斯猫受到了极大的欢迎，养猫者为有一只波斯猫而自豪。实际上，在很多人的印象中，波斯猫成了纯种猫咪的代名词。在很多国家，波斯猫在所有的品种猫咪中售价最高，有的可达上千美元。

波斯猫毛色有好多种，其中较原始的毛色是白、蓝、黑，近年来波斯猫又发现了红、白、乳黄、蓝、巧克力等多种毛色。波斯猫的体型特征是：头大面宽，鼻扁小，耳圆而小，颈短，躯干宽长，尾和四肢较短，显得结实强壮，毛长而蓬松柔软，有光泽，眼睛有绿色、蓝色和金黄色。

波斯猫温文尔雅，反应灵敏，善解人意，少动好静，给人一种华丽、高贵的感觉，叫声尖细优美，容易适应新环境。波斯猫每窝产仔2～3只，仔猫咪刚出生时毛短，6周后，长毛才开始长出，经两次换毛后，就可长成长毛。由于毛长而密，夏季不喜欢被人抱在怀里，而喜独自躺卧在地板上。

2. 暹罗猫

暹罗猫是目前西方最为流行的一个短毛品种猫，源于泰国，有着悠久的历史。大约在18世纪末传入英国，20世纪初进入美国，并很快就扩散开来。英国在1920年成立了暹罗猫俱乐部。人们在暹罗猫的纯种培育及改良工作方面倾注了很多精力，因而暹罗猫的花色极为多样。

暹罗猫身体修长高大，肌肉结实，显得非常机警。脸型尖而呈"V"字型，颈部细长，两眼为杏仁状，眼睛呈深蓝色和浅绿色，耳大直立，鼻梁高直，四肢高而细，尾巴修长，末端常卷曲。被毛短细，富有光泽，并且紧贴皮肤，看起来非常顺滑。毛色有白色、巧克力色、浅蓝色、红色，有的猫咪在耳面部、四肢和尾部都有棕色。

暹罗猫性情刚烈好动，可陪着主人外出长距离散步，能学会翻筋斗、叼回抛出的物品等技巧。小猫咪生下来发育很快，5个月母猫咪就能发情。小猫咪出生时的体重比其他品种要大，2 ~ 3 天就能睁眼，3 周就能离开产窝外出玩耍。被毛开始是浅色的，以后才开始出现深色斑点。暹罗猫的叫声很大，有时令人讨厌。由于暹罗猫具有很多特点，因此它常被用来与其他品种杂交培育新品种。

3. 安哥拉猫

安哥拉猫是最古老的品种之一，源于土耳其。16世纪传入欧洲，主要分布在法国和英国，是当时最受欢迎的长毛品种。到19世纪中叶，由于波斯猫的出现，安哥拉猫的地位逐渐降低。目前，安哥拉猫主要分布在土耳其，其他地方数量已很少。

安哥拉猫身材修长，背部起伏较大，四肢高而细，头长而尖，耳大。全身被有细丝般的长毛，有红色、褐色、黑色和白色之分，一般认为白色为正宗的安哥拉纯种猫咪。安哥拉猫的动作相当敏捷，独立性强，不喜欢被人捉抱。母猫咪的繁殖能力较强，平均每窝产4仔。小猫咪发育很快，生后睁眼的时间也较早，幼猫咪喜欢嬉闹玩耍。

重点提示

安哥拉猫夏季换毛时，除尾巴外全身长毛几乎全脱净，变得和短毛猫咪差不多，但长毛能很快长出。由于长毛下没有绒毛，所以安哥拉猫的打理要容易些。一般猫咪是不喜欢水的，但安哥拉猫却喜欢在浴池里或小溪中游泳，这一点很惹人喜爱。

4. 缅甸猫

缅甸猫原产于缅甸，被当地寺院当作"神"而受到崇拜。现在所有纯种缅甸猫的祖先是一只叫做"Wong Mau"的雌猫咪。它是1930年被从仰光带到美国，与暹罗猫杂交培育而成。缅甸猫在西方很流行，但英国和美国对缅甸猫的毛色和体型特征却有着不同的标准，美国认为只有棕色的为缅甸猫，其他颜色的称为马来亚猫，而英国对于颜色的要求则很宽。

缅甸猫身体强壮，肌肉结实。头圆略尖，两耳距离较宽，眼睛呈圆形或椭圆形，颜色有金黄色或黄绿

色。被毛短而紧密、光滑，毛色有棕色、橙黄色、红色、巧克力色、蓝色等。

该猫咪聪明伶俐、好奇心强，喜出头露面，希望得到主人的奖励。缅甸猫勇敢，诙谐有趣，可连续蹦跳玩耍数小时而不感疲倦，是难得的观赏娱乐猫咪。缅甸猫早熟，母猫咪 7 个月龄就可以交配产仔，每窝平均产 5 仔。仔猫咪初生时毛色单一，且较淡，几个月龄后才有深色毛出现。

缅甸猫的寿命较长，一般为 16 ~ 18 岁，有的甚至更长。缅甸猫前腿之间为白毛，被毛有条斑，眼睛呈灰色或绿色。缺少神采，尾巴弯曲，则不合乎该品种的标准。

5. 巴厘猫

20 世纪 50 年代，美国纽约州的一户人家里面饲养的暹罗猫后代中出现了几只基因突变的仔猫咪，这些突变的仔猫咪一改暹罗猫的短毛，而生长着丝状长毛，这是新品种巴厘猫的雏形。后经一系列的选育、纯化、繁育成为巴厘猫。1963 年在美国首次被承认，现为世界各地很受欢迎的猫咪品种之一。它是由暹罗猫培育出来的一个品种，但与巴厘岛毫无关系。其很多特性和暹罗猫相近，只是身覆长毛。

巴厘猫身段细长，动作优美，被称为猫咪界"舞蹈家"。体毛的毛色为均匀的单色，有白色、蓝色、巧克力色和淡紫色，面、耳、尾、四肢呈深色的色点，但和波曼猫不同的是四肢末端也呈黑色，毛长而直，贴附于皮上，显得非常光滑，长毛下没有绒毛。体毛毛色与色点的反差越明显越好。头长而尖，呈"V"字形轮廓，由下颌部起向耳顶端笔直敞开，构成三角形。眼睛呈深蓝色，尾长高举，像个桅杆。巴厘猫如非蓝眼及内视，白化鼻。后肢弱，有内层绒毛，则不合乎其品种标准。

巴厘猫很聪明，能完成一些技巧性很强的动作，喜欢跑跳，好爬高，如爬竹窗帘等。感情丰富，易与主人建立感情，尤其在得到主人宠爱后，对主人感情深厚，喜向主人撒娇，对主人的声音分辨力特强，在较远距离下即可分辨出主人的声音。繁殖期要比其他长毛品种早，一窝产 3 ~ 4 仔。此猫咪的叫声粗犷，尤其是发情期的鸣叫声使人厌烦。

6. 波曼猫

波曼猫又译为巴曼猫、伯曼猫。来源于缅甸，又称"缅甸圣猫"，但与缅甸猫无任何关系。1925 年由法国培育而成，"二战"后，此猫咪在法国很受欢迎，20 世纪 60 年代传入英、美等国。

波曼猫体型类似波斯猫，腿短体长，头圆而宽大，双颊饱满，吻部呈圆形，腭部粗宽，耳朵中等大小间距宽，略向前倾，耳尖呈圆形。

眼睛椭圆形，稍斜，深而漂亮，呈深蓝色，极富表现力。它后半身结实，尾长中等，与身体大小成比例，尾毛浓密。

波曼猫的毛色很有特点，全身披有银白色的长毛，面部、耳朵、尾巴、四肢呈重点色，有黑色、绿色、巧克力色和紫罗兰色。波曼猫被毛较长，颈部和尾部被毛丰厚，背部和两肋的被毛呈星丝状均匀分布，腹部被毛呈波浪状，口鼻部的被毛较

短，但两颊的被毛较厚。波曼猫的被毛长且如丝般柔软，从不缠结，光滑油腻。但在四肢的末端却又呈白色，故有人称之为"四蹄踏雪"。这便成了该猫咪品种鉴定必备的被毛特征。

波曼猫天性恬静，诚实温柔，步履奇特，目光神秘。它不怕陌生人，有时对陌生人表现不友好，但对主人温顺，渴求主人的宠爱，爱与主人或小孩玩耍。

波曼猫生长较快，早熟，大约7月龄便可发情交配，一般每窝产3～5仔，小猫咪刚出生时全身白色，几天之后才开始出现色点。

在美国还培育出了短毛波曼猫，因其有"白手套"一样的四肢，故又名"雪鞋猫"或"银边猫"。欧美有关刊物将其列为一个新品种，1967年，获得国际爱猫联合会（CFA）的认定。

7. 缅因猫

缅因猫是北美自然产生的第一个长毛品种猫，因起源于美国东海岸缅因州附近而得名。一般认为缅因猫是由美国本地的短毛猫咪和安哥拉猫杂交而成。一个世纪前，缅因猫在猫展上备受青睐，后因波斯猫的引进而使缅因猫在北美大陆上逐渐失宠。

缅因猫体型大而潇洒，最重的可达 18 千克，一般公猫可达 8 千克，母猫咪略轻，也可达 5 千克。头宽厚，大而圆，颈部中等长，耳大且直。眼大而呈椭圆形，眼距宽，眼睛的颜色也随毛色的不同而各异，有浅黄色、金黄色和绿色，只有白色缅因猫的眼呈蓝色。尾毛长而飘逸，尾长等于背长。四肢强健有力，脚掌大而圆，长有丛集毛。缅因猫整个身体的轮廓接近长方形。

缅因猫被毛头部较短，肩胛部开始增厚。肩胛后整个躯体和尾部的被毛长而致密，直披向后半身，毛厚而光滑，长短不一、软毛短而呈丝状，但不像波斯猫那样雍容华贵。缅因猫毛色纷繁，有单色、混色和斑色等，以条斑色为最好。

缅因猫身体强壮，抵抗力很强，特别是能耐寒，一般不易患病。缅因猫坚强、勇敢、聪明机灵、热情可爱、对人亲近，有许多人用它来作看门猫。缅因猫重感情，易与人相处，在家庭中能对所有成员都友好，对其"意中人"更是倾心相处。缅因猫每窝能产 2 ~ 3 只仔猫咪，刚出生的小猫咪并不大，大小和毛色差异很大。缅因猫发育缓慢，大约要到 4 岁，才完全发育成熟。

8. 喜马拉雅猫

喜马拉雅猫在欧洲称之为重点色长毛猫。该品种从 30 年代开始培育，在英国和美国几乎同时进行，直到 50 年代才得到公认。它是由暹罗猫和波斯猫杂交而成的，集两者的优点于一身，它具有暹罗猫的毛色、眼睛和聪明伶俐的性格，又有波斯猫的体型、长毛和反应灵敏的特点。头宽耳小，尾和四肢短粗，鼻子平短。毛长而柔软，白色为其基本毛色，在耳、面、后半身、四肢有深色斑点，斑点的颜色有海豹色、蓝色、巧克力色、红色和淡紫色。

喜马拉雅猫的性情介于暹罗猫和波斯猫之间，便于饲养，惹人喜爱，特别适合需要精神安慰的人饲养。母猫咪发情较早，8 个月就可交配产仔，但为了保证繁殖质量，一般要 1 岁以后才让其繁殖。公猫咪要 18 个月龄才可作种猫。每窝产 2～3 仔，小猫咪刚出生时全身被有短的白毛，几天以后，色点开始出现，首先是耳朵，然后是鼻子、四肢和尾巴。

9. 日本短尾猫

日本短尾猫起源于日本，但起初在日本对此猫咪并无人注意，第二次大战之后被引入欧美，并在那里得到精心的培育和改良，成为现在的品种。1963 年在美国首次展出，这才引起日本人的注意，并开始了自己的培育工作。

日本短尾猫属中型猫咪，身材较短，额宽，鼻宽而平直，眼睛呈金黄色和蓝色，眼大而圆，两外眼角稍向上挑，有点"吊眼梢"。被毛柔软流畅，毛色漂亮，白色为其基本色型，其上嵌有黑色或红色斑点，如果这三种颜色集于一身，则是比较名贵的品种，也有的深色毛似老虎皮斑纹状排列。尾巴只有 10～12 厘米长，很像兔子尾巴，尾尖运动灵活。

　　日本短尾猫性情温顺，活泼好动，叫声悦耳动听，天生就非常的聪明伶俐，这种宠物猫喜欢和人类交往嬉戏，开朗而且热爱跑动。日本短尾猫神气健壮结实，动作敏捷灵活。雄性日本短尾猫稳重大方，雌性日本短尾猫优雅华贵，很适合作为家庭伴侣猫。

10. 苏格兰猫

　　苏格兰猫的历史很短，1961年，一个叫威廉的苏格兰牧民在他的地里发现有一只耷拉耳朵的小动物，以为是只小狗，仔细一看，原来是一只耷拉耳朵的小猫咪，这可是从来没有见过的，他认为非常有趣，就带回家养起来，这就是苏格兰猫祖先的来历。因为时常耷拉着耳朵，也叫英格兰塌耳猫。两年以后，这只猫咪产下两仔，其中一只是母猫咪，威廉给这只猫咪注册，并和育种、遗传学家一起培育这一奇特的品种。苏格兰猫身材粗壮，两耳下垂，头呈方形，鼻小而扁，四肢粗壮，尾较短，尾尖钝圆，毛色有金黄色、黑色和浅蓝色等。

苏格兰猫性情温和，易与人或其他小动物相处，抗病力强，耐寒。每窝平均产 3～4 仔，但其后代并不一定都是塌耳的。小猫咪出生时，两耳是直立的，这时欲鉴别其是不是塌耳猫，只能看其尾巴，短而粗的是塌耳猫。4 周以后，耳朵才向前垂下，随着年龄的增长，耳朵越垂越低。两耳直立的猫咪才能显示出其不可侵犯的雄风，但苏格兰猫却两耳低垂，不显威姿，不过倒也别具特色。

塌耳猫是基因突变的结果，突变的基因导致猫咪出现先天软骨发育不良，这也是苏格兰塌耳猫耳朵异常形状的原因。

11. 阿比西尼亚猫

阿比西尼亚猫是北美地区非常流行的短毛品种。因产生于阿比尼西亚（即今埃塞俄比亚）而得名。据专家认为，此猫系血统最接近古埃及圣猫的品种，无论是毛色还是头盖骨的结构特征，都与埃及猫极为相似，故阿比尼西亚猫很可能源于埃及。世界上最早引入该品种进行培育的是英国，之后才传入北美各国，但由于二次世界大战和 20 世纪 60～70 年代猫白血病大流行，这种猫咪几乎在英国绝迹，此后不得不从国外引进，以致首先进行品种注册的国家在北美而不在英国。

阿比尼西亚猫通常一窝产 4 仔，小猫咪发育较慢，开始毛色较深，以后逐渐变浅。成年猫咪身材修长柔软，头略尖，耳朵大，四肢高而细，眼睛为金黄色、绿色或淡褐色，毛色以棕红色为主，在背部、体侧、腿部及尾部嵌有黑色或深棕色条纹者为正宗纯种。

该猫咪叫声悦耳，即使在发情期，叫声也不令人反感；平时喜欢独居，性情活泼好动，喜欢在较大的空间玩耍嬉戏；不喜被人捉抱，对生人畏惧，但与主人感情深厚，是较为理想的家庭伴侣猫。

12. 埃及猫

埃及猫被称为最古老的猫咪品种之一，其祖先可追溯到公元前 14 世纪古埃及的壁画上。据说古埃及人将这种猫咪视为圣物，严禁将猫咪运出境外，以至其邻近地区在相当长的历史时期内不知"猫咪"为何物。后来，与埃及隔海相望的希腊鼠害成灾，希腊闻听埃及有神奇的"猫咪"是鼠的克星，重金求购却遭拒绝，又派人前往偷运，也以失败告终。

直到十字军东征埃及以后猫咪才被传入欧洲各国。此后埃及的国王常

把猫咪作为贵重的礼品送给友好国家。现代品种的埃及猫 20 世纪 50 年代在意大利开始培育，后源源进入欧美各国。当它在国际猫展上首次亮相时，才使更多的人得见其庐山真面目。

这种猫咪的眼睛呈浅绿色，毛中等长度，毛色很有特点，额面部呈深色条纹，似英文字母"M"型，颈部条纹细密，至肩部渐宽，肩部以后呈斑点状，尾部呈带状。色泽搭配有三种类型：一种是银白色上面带有黑色斑点；另一种是银白色上面带有巧克力色斑点；再有一种是银灰色上面带有黑色斑点。这些毛色搭配和图案造型，即便神工妙笔也难描绘。

13. 俄罗斯蓝猫

俄罗斯蓝猫原产于俄罗斯白海沿岸地区，因被毛短而光滑，有蓝灰色光泽而得名。19 世纪 60 年代，俄罗斯蓝猫被航海家带入西欧，20 世纪初传入北美，是短毛猫中最为耐寒的一个品种。

俄罗斯蓝猫体型细长，大而直立的尖耳朵，脚掌小而圆，走路像是用脚尖在走。身上披着银蓝色光泽的短被毛，配上修长苗条的体型和轻盈的步态，尽显一派猫中的贵族风度。俄罗斯蓝猫身材结实、中等体态，包覆在蓝灰色的短绒毛下。其实这种偏蓝的灰色是由于黑色毛发的基因衰减的表现。

对于俄罗斯蓝猫的毛发来说，有一层柔软的绒毛般的底层毛，和一层比较长且略粗硬、有蓝色基底银色末端的外层毛。由于毛发的银色末端带来的光学效应，使得俄罗斯蓝猫有"闪闪动人"般的外貌。俄罗斯蓝猫一般每窝产4仔，小猫咪被毛上常有深色斑点，但第一次换毛后即会消失。俄罗斯蓝猫的眼睛应该是深沉而鲜明的绿色，如果成猫以后有着黄色的眼睛或者眼睛上有白斑就会被视为缺陷而影响到猫咪的价值与地位。

重点提示

俄罗斯蓝猫性情稳重温顺，叫声很小，即使发情期也不以叫声扰人，颇受内向好静的养猫者欢迎。我国血统纯正的俄罗斯蓝猫相当稀少，要想获得一只纯正俄罗斯蓝猫相当不易。所以，一定要确保纯种繁殖，避免杂交。

14. 美国短毛猫

美国短毛猫是美国的代表猫种。最初其并不是作为宠物，而是作为消灭老鼠而被人们饲养。成为宠物后，美国短毛猫的人气也渐渐高涨。1906年美国短毛猫以"短毛家猫"的名字正式登记在册。1966年更名为美国短毛猫。

美国短毛猫属于短

毛猫中的中大体型猫咪，美国短毛猫头大而且圆润，脸颊饱满，眼睛又大又圆，宛若杏仁状，样貌十分甜美。美国短毛猫的被毛十分厚密，毛色多达 30 余种，有银色虎斑纹、棕色虎斑纹、鱼纹虎斑、银色补丁斑纹等，其中以银色条纹品种的尤为名贵。美国短毛猫的身体非常健壮，几乎很少生病，平均寿命可达 15 ~ 20 年左右。每年能怀 2 ~ 3 窝，每窝能产 2 ~ 5 只。

 ## 15. 英国短毛猫

英国短毛猫是英国最早的猫种之一。早在 2000 年前的古罗马帝国时代跟随凯撒大帝不远千里来到英国。1871 年，第一次作为品种猫咪在伦敦的水晶宫参展。1980 年前后国际上承认英国短毛猫作为正式比赛品种。目前英国短

毛猫已经成为英国第三大纯种猫族群，并且在世界上也广受欢迎。

英国短毛猫最典型的是五短两圆的身体特征：毛短、身材短、尾巴短、四肢短、耳朵短。两圆是指脑袋圆，眼睛圆。其毛色公认的有十八种，蓝、蓝白、金渐层、银渐层、乳白等，以蓝色最受欢迎。英国短毛猫的寿命一般在 10 ~ 15 年，每年怀 2 ~ 3 胎，每胎 2 ~ 5 只。

16. 孟加拉猫

孟加拉猫又称豹猫，是一种体型中等大小的野生猫科动物，分布于南亚、东南亚和中国南部等地区。其祖先是由美洲豹猫和一般家猫配种孕育出来的，最早繁殖的三代都因为被认为具有野性和攻击性，不适合家庭收养，直到1984年培育出血统稳定的第四代，才被国际猫咪协会认证登记。

孟加拉猫身体比较修长，体重在 3 ~ 5 千克之间。它们身上有着独特的斑点和条纹，毛色主要以金黄色和浅黄色为主，部分个体的毛色偏灰色。它们的脸部比较扁平，眼睛大而圆。寿命平均在 15 ~ 20 年。每年能怀 2 窝，每窝 2 ~ 5 只。

17. 新加坡猫

新加坡猫是公认的世界上最小的家猫，相传新加坡猫来自早期新加坡街头的流浪猫咪，它们在新加坡非常不受欢迎，吃了上顿没下顿，为了遮风避雨不得不常年居住在下水道里赖以生存。在 1975 年左右，一位来自美国的年轻人对新加坡猫一见倾心，于是收养了三只新加坡猫回到美国并让其繁育。1988 年新加坡猫获得认可，自此新加坡猫正式进入我们的视野，被世界各国所认识并成为了官方认可的宠物猫品种。

　　成年的新加坡母猫咪一般不足 2 千克，最重的公猫咪也极少有超过 2.5 千克的，体型只有正常家猫的一半，尾巴细长。新加坡猫的被毛质地细腻丝滑，非常短而有光泽，紧贴着皮肤。毛色为古象牙底色及海豹毛尖色，这便形成了深棕色的刺鼠斑纹。毛尖色与底毛色有清晰的对比，但身体的下腹部以及四肢内侧没有毛尖色，它们的前额有明显的"M"形斑纹。小猫咪出生时大部分为纯色，腹部为白色，被毛需要 2～3 年才能成色。一年怀 1～3 胎，一胎 2～4 只。

第四节 如何挑选猫咪

1. 根据养猫目的选猫咪

挑选猫咪应根据养猫的目的来选择适合自己的猫咪。

如果是为了参加猫咪选美大赛或以经营买卖为目的饲养猫咪，那就应该购买有血统认证的纯种猫咪进行纯种培育，或搜寻外形奇特的猫咪精心饲养并进行选种选育，以期培育出更为稀贵的猫咪。相传有一位国外的养猫爱好者曾培育出一只浑身无毛的光皮猫咪，这只猫咪就因其罕有而在猫咪比赛中一举夺魁。这类冠军猫咪往往身价增长百倍，能为主人带来荣誉和成功的喜悦。

如果想拥有一只捕鼠小能手，那么纯种的阿比西尼亚猫或我国四川简州猫和山东狮子猫就是很好的捕鼠能手。捕鼠猫咪在外形上一般都具有腰短、尾巴长、胡须硬猛、爪锐利、面相如虎、毛皮柔滑的特点。但外形符合这些特点的猫咪并非都能捕鼠，因为捕鼠行为不是来自先天遗传，而是后天获得的一种行为能力。为了使猫咪养成捕鼠的习性，可以让它跟有捕鼠本领的猫咪待在一起生活一段时间，没有必要给它绝食，因为猫咪是否捕鼠跟猫咪是否饥饿无必然关系。

如果想拥有一只宠物伴侣猫咪，那么就应该根据自身的实际情况、年龄、性别和品种来选择宠物猫咪。如果有比较富余的时间或很愿意在宠物猫咪身上花很多时间的话，幼猫咪是不错的选择，一般两月龄的幼猫咪已具备独立生活的能力。幼猫咪到新家也许会叫个不停，一周之内它就会习惯新的生活。

2. 养什么品种的猫咪好

猫咪品种的选择也需因人而异，并根据居住环境来选择。老年人可以选择日本短尾猫、俄罗斯蓝猫、波斯猫、英格兰猫等，这类猫咪比较安静且无需过多照料。年轻女士可选择波斯猫、缅因猫、孟买猫、埃及猫等，这类猫咪通常长相甜美且非常粘人。小朋友们也许更喜欢体型大或长相憨厚的猫咪，如缅因猫体型壮硕、苏格兰猫长相端厚。生活在城市的人们如果居住空间较小，周围邻居较多，则应饲养叫声轻且比较悦耳的猫咪，如日本短尾猫或阿比西尼亚猫，尽量避免饲养巴厘猫这种叫声大而响亮的猫咪；如果生活在比较空旷的郊区，则可以不考虑猫咪的叫声而选择自己所喜爱的宠物猫。

3. 养公猫咪好还是养母猫咪好

选择公猫咪还是选择母猫咪，我们先了解一下它们在外形、性格、健康状况、养护等方面存在的一些差异。

公猫咪和母猫咪在外形上有显著差异。公猫咪通常体型较大，腮帮子明显，脸部看起来肉乎乎的，眼神冷冽。母猫咪则体型较为纤细，脸部轮廓小，五官清秀。

公猫咪和母猫咪在性格上存在一定的差异。一般来说，公猫咪更加活泼好动，好奇心强，喜欢玩耍，同时也更容易与人亲近。如果希望家里有一只热情洋溢、充满活力的猫咪，那么公猫咪是一个不错的选择。而母猫咪则通常比较温柔、内敛，更注重家庭环境的安全和稳定。它们往往更善于观察主人的情绪变化，能够给予主人更多的情感支持。如果期待一只善解人意、贴心陪伴的猫咪，母猫咪或许会让主人更加满意。

在健康状况方面，公猫咪和母猫咪各有优劣。公猫咪通常抵抗力较强，不容易生病，但也可能因为过于活泼而容易受伤。母猫咪则可能因为发情期的生理变化而更容易患上一些生殖系统疾病。不过，只要主人定期为猫咪进行体检、接种疫苗、提供

营养均衡的饮食和生活环境，无论公猫咪还是母猫咪都能健康成长。

从养护难度来看，公猫咪和母猫咪并没有太大的区别。无论是饮食、卫生还是日常护理，两者都需要主人付出同样的时间和精力。需要注意的是，母猫咪在发情期可能会出现一些特殊的行为，如叫春、频繁进出家门等，这可能会给主人带来一些困扰。而公猫咪则可能因为过

于活泼而更容易受伤或引发一些行为问题。

在选择猫咪时，除了考虑公猫咪和母猫咪的性格、养护难度和健康状况外，还需要考虑自己的生活习惯、家庭环境和个人喜好等因素。如果你喜欢活泼、粘人的猫咪，可以选择养公猫咪；如果你希望猫咪较为独立、安静，可以选择养母猫咪。最终的选择应根据个人的生活习惯和偏好来决定。

重点提示

母猫咪会相对来说体型更小，更加清秀，体重较公猫咪也轻上很多。而且母猫咪的脸要更小更尖一些，显得更加清秀可爱。一般母猫咪的性情都比较温顺，很容易和人建立深厚的感情，并且容易接受新环境。

4. 如何鉴别猫咪性别

一般成年猫咪的性别鉴定非常容易，未做去势手术的公猫咪，在其后腹下有一对睾丸。对幼猫咪的性别鉴定就比较困难一些。不过只要掌握了正确的鉴定方法，幼猫咪也是比较容易鉴别的。在鉴别幼猫咪时，首先用手揪起幼猫咪的尾巴，这时会看到尾巴下有两个孔，上面的那个孔是肛门，下面的孔是外生殖器的开口处。将两孔之间的距离作一比较，距离长的是公猫咪，一般为 1 ~ 1.5 厘米，距离短的是母猫咪，两孔几乎紧挨在一起。另外从外生殖器开口处的形状可以比较，公猫咪的开口呈圆形或近似圆形，母猫咪呈三角形或是扁的裂隙状。有人曾很形象地描绘公、母猫咪的区别，公猫咪尾下的两个孔（即肛门孔和外生殖孔）排成像冒号"："，而母猫咪就像一个倒感叹号"！"，即肛门呈圆点状，外生殖器开口呈扁的裂隙状。

去势后的成年公猫咪因为已经摘除了睾丸，所以，也要看肛门和外生殖器开口的距离，一般为1.5厘米，而同龄的母猫咪只有1厘米。

 ## 5. 养幼猫咪还是养成年猫咪好

一般成年猫咪独立生活的能力比较强，身体机能及抵抗力强，不容易生病，无需过多的照顾。而且成年猫咪的性格更加稳定，会保护自己，如果家庭中有小孩，成年猫咪会主动回避小孩，也能和小孩和平共处，因此有小孩的家庭比较建议饲养成年猫咪。但是成年猫咪较难适应新环境，也很难为新环境改变自己的生活方式，因此可能会给新主人带来一些不必要的麻烦。如挑食、不接受新主人、会离家出走等。总之，成年猫咪无需主人太过于费心，比较适合新手、生活繁忙、有孩子的家庭或老年人家庭饲养。

一般饲养幼猫咪大多是因为喜欢幼猫咪萌萌的样子，幼猫咪也比较容易适应新的家庭和主人，性格活泼、好玩，容易和主人建立感情，但是饲养幼猫咪需要花费更多的时间去照顾和训练它，纠正幼猫咪的不良习惯，如乱抓咬、随地大小便等。同时幼猫咪的消化系统较弱，喂食要定时定量、少食多餐，每天至少喂食4餐。无论选择饲养成年

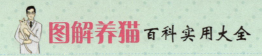
猫咪还是幼猫咪，一定要深思熟虑，根据个人实际情况来选择适合自己的猫咪，千万不能一时兴起就饲养猫咪，决定好要饲养的猫咪后需做到对猫咪包容，好好照顾，不随意遗弃，给猫咪一个安稳的家。

选养猫咪不是越小越好，如果幼猫咪过早断奶，就无法从母乳中获得成长所需要的营养，抵抗力和免疫力就会比较差，且容易生病，独立生活能力降低，照料稍有不周，就易生病甚至死亡，护理比成年猫咪要麻烦得多。一般在幼猫咪的 2 ~ 3 月龄为最佳领养时间，这时小猫咪已经基本断奶并具备了独立生活的能力。

6. 选择纯种猫咪还是非纯种猫咪

在猫咪血统的选择上，无论是纯种猫咪还是非纯种猫咪，都有其优点和缺点。一般以营销赚钱为目的的，选择纯种猫咪。主要原因是纯种猫咪在外观、性格和健康方面具有可预测性和稳定性。纯种猫咪经过世代的选育，具有特定的外貌特征和行为特点，这些特点在品种标准中有明确的规定。纯种猫咪的外观更加统一，可以满足人们对特定品种猫咪的审美要求。而且纯种猫咪的性格也相对稳定，因为经过多代的选育，纯种猫咪的性格已经非常稳定。对于一些特定的性格需求，比如温顺、活泼或者独立等，纯种猫咪更容易满足。纯种猫咪也具有更好的身体素质。正规的繁育者会进行基因筛选和健康检查，以确保猫咪没有遗传疾病或者其他潜在的健康问题。这样可以减少宠物主人在后期养护中遇到的健康问题和产生额外医疗费用。

如果对猫咪的外表和性格没有特别要求，而且不是以营销为目的的饲养，选择非纯种猫咪也是一种很好的选择。首先，非纯种猫咪是由不同品种的猫咪杂交而成。繁殖非纯种猫咪的过程中，由于两种基因组的结合，出现意想不到的色彩和形状组合，会使新品种的外观、行为特征和体型更为个性化。其次，繁殖非纯种猫咪也可以减少遗传缺陷和疾病的出现，因为这些动物具有来自不同基因组的遗传结构。当两个品种结合时，它们可以为下一代的外观和行为特征提供更多的遗传变量，使这种新品种的特征更为多样化。再次，由于纯种猫咪相对非纯种猫咪数量更少，真正纯正的个体更稀有，这促使人们转向拓展杂交品种的价值和市场需求。

杂交猫咪的繁殖过程中也会存在一定的基因缺陷。由于基因组的组合更广泛，所以在对进行繁殖时缺乏研究，会出现难以预测和不稳定的后代，可能会出现一些遗传异常。另外，由于杂交品种没有统一的标准，猫咪的审美标准和特征变化比纯种猫咪更加多样化，这使得非纯种的养育更具挑战性。

总之，非纯种猫咪和纯种猫咪各自具有优点和缺点。如果青睐纯种猫咪的特定外观和行为特征，并且更关注其品质和稳定性，纯种猫咪能够提供一致且可预测的特征和品质。对于想要参加展览、比赛或者想要特定品种的人来说，纯种猫咪是更好的选择。如果只是想要一只宠物猫咪作伴的话，就没有必要非要纯种猫咪不可，非纯种猫咪也有很多优点，同样能达到养宠物作伴的要求，例如非纯种猫咪的被毛及外形特征选择的余地较大，且非纯种猫咪具有活力高，抗病力强，价格比较低廉等。

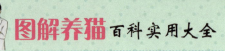

7. 选择长毛猫咪还是短毛猫咪

养猫咪，有的人喜爱短毛猫咪，也有人喜欢长毛猫咪，还有人不知道怎么选。不管长毛猫咪或者短毛猫咪饲养都有利弊，长毛猫咪并不难打理，短毛猫咪也是会掉毛的，所以养之前还是应该先了解一下。

长毛猫咪大多颜值高，比较温柔可爱，但需要每天都为其梳理毛发，以预防毛球病，长时间不梳理容易造成毛发打结。长毛猫咪还有一个困扰，就是屁股上的毛发容易沾上粑粑，不卫生，需要主人定期修剪，才能保持干净。

短毛猫咪活泼好动，打理起来比长毛猫咪所需时间也相对较少，饲养非常方便，但短毛猫咪也会掉毛，所以间隔一段时间也要梳理一次。

长毛猫咪和短毛猫咪各有特点，我们选择时应该根据个人喜好、需求和能力来决定，并且对动物的喂养和健康负有责任。无论是长毛猫咪，还是短毛猫咪，最重要的是为它们提供关爱和良好的生活条件，让它们成为我们快乐和健康的一部分。

8. 哪些猫咪适合老年人喂养

从生理角度上讲，猫咪的独立性强，且老人们没有足够的精力为它们做很多事情。但是养只猫咪基本上不成问题。只要猫咪的健康状况良好，经过一定时间与主人的朝夕相处，猫咪会形成一定的生活规律，环境因素也会改变猫咪的一些习性。因此，品种的选择还是要根据个人的喜好来定。

9. 到哪里去获得猫咪

养猫咪这一话题近年来愈发受到大家的关注。然而，在获得猫咪的途径和选择方式上，很难让人抉择，一般获取猫咪的途径有以下几种：

（1）领养

现在比较提倡用领养代替购买，无论是领养朋友家的猫咪，还是去猫咪救助站，或者去宠物医院领养猫咪都可以，不过需要注意的是，领养的猫咪在品种方面往往无法达到自己喜欢的，且在猫咪救助站或者宠物医院领养到的猫咪一般都是成年猫咪，需要领养人长时间去磨合。一般领养来的猫咪身体素质都较好些，不容易生病，而且养猫过程中花销会少很多。如果对猫咪的品种和年龄要求不高的话，领养猫咪是非常不错的选择。

（2）宠物店购买

可以去自己所在地方的宠物店或者猫舍去选购猫咪，一般在宠物店购买的猫咪都具有防疫证明，且在宠物店购买猫咪可选择的比较多。对猫咪品种或年龄比较在意的可选择在宠物店或猫舍购买。

（3）宠物市场购买

每个城市都有宠物市场，一般宠物市场上的猫咪品种可选择的很多，而且大多为适合领养的幼猫咪。不过需要注意的是，在宠物市场购买宠物猫一定要问清楚是否有接种疫苗，幼猫父母情况等。大多宠物市场都可以还价，很大几率可以"捡漏"到较好品种的猫咪。

在各大网购平台都有活体猫咪售卖，而且品种齐全，大多为幼猫咪，包邮到家，给想要购买猫咪却不想到处寻找购买途径的人带来很大的便利，但是在网购猫咪时一定要选择靠谱的平台购买，避免购买到有缺陷，无法养活的"星期猫"。

10. 如何选择一只健康的猫咪

当确定了猫咪的性别、年龄、品种以后，接下来就是如何选择一只健康的猫咪了。选猫咪时，应尽量去猫咪主人的家里，在同一窝猫咪中挑选体型较大的猫咪，体型较小的猫咪往往吃奶不足，以后往往患病几率更高。然后仔细观察猫咪的身体各个部位：眼睛必须明亮，既不流泪，也无其它分泌物；鼻尖湿润，无鼻涕；口腔周围清洁干燥，且无分泌物和食物，牙龈、上腭、舌呈粉红色，牙呈白色或微黄，无口臭；肛门及生殖器周围干燥清洁而且没有沾染脏物；皮肤柔软有弹性，被毛浓密，富有色泽；各关节能自由弯曲，没有骨骼畸形。如果购买的是一只纯种猫咪，则还应该观察它的父母是否健康，兄弟姐妹有无遗传疾病，并可要求其原主人出示血统记录卡。

第二章

猫咪的饲养与管理

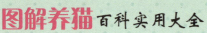

第一节 猫咪的饲养方法

1. 猫咪的营养与健康有哪些关系

猫咪营养的好坏决定其健康状况，营养好的猫咪体质健壮，对各种疾病的抵抗力强。营养不良的猫咪则在各个生长阶段都会有所反映。母猫咪妊娠前和妊娠期的营养状况会直接影响胎儿的发育及幼猫咪的成活率。如刚出生的仔猫咪，体重低于90克就表明母猫咪营养不良。哺乳期的母猫咪营养好坏对仔猫咪的生长发育影响更大。4周龄的幼猫咪除食用母乳外，还应补食一些固体饲料。7周龄断奶后的小猫咪生长快，此时饲料的营养成分和数量十分重要。幼猫咪长到10～12周龄时，因体内来自母乳中获得的抗体已消失，营养不良时易患疾病，特别是消化系统疾病和呼吸系统疾病较为常见。营养良好并发育正常的公猫咪在8.5个月即达性成熟，营养不足时即向后推迟。一岁龄时母猫达性成熟，而营养不良时则不发情，或虽能发情受精，但妊娠后期会流产；有的母猫咪即使勉强产仔，也只能是数量很少的弱仔，且成活率低。

因此，养好猫咪的关键在于了解饲料的营养成分和营养价值，以及猫咪在不同时期的不同需求，并且合理饲喂饲料，猫咪才能健康生长。

2. 猫咪有哪些饮食习惯

猫咪是以肉食为主的杂食性动物，这与猫咪消化系统的生理特点有关，也是猫咪在野生时期捕食形成的习惯。一般来说，猫咪喜食鱼、肉和动物内脏，在极度饥饿状态下也吃些米饭、馒头等谷类制品。有些猫咪还喜欢吃青草、黄瓜、白菜等，但只是偶尔吃些。

猫咪择食也受地域影响，如沿海地区的猫咪多喜食海鲜，其它地区的猫咪则以食肉类为主。当然，猫咪择食也有一个习惯问题。受主人饮食习惯的影响，猫咪也会有所改变。不过，有些食物，无论主人如何引导，猫咪也不会进食，比如水果，即使再美味可口，也无法引起猫咪的食欲，因为很多水果中都含有对猫咪有害的成分。

重点提示

目前，商店里出售的种类繁多的猫罐头、猫粮，是按照猫咪的不同饮食习惯和择食口味制作的。猫罐头分为海鲜、鸡肉、牛肉和肝脏等类，而猫粮则是以猫咪所需要的各种营养成分配制而成。我们可根据猫咪的口味选购。

3. 猫咪每天需要多少水

　　猫咪是一种比较耐渴的哺乳动物，有人做过试验，将猫咪关起来几天甚至几星期不给饮水，虽体重逐日下降，却仍能存活。这是因为猫咪体内储存水分的功能很强，成年猫咪体内含有60%的水分，幼猫咪的比例还要高，在缺水的状态下，它会调动体内储水，但若失水较多，则会引起严重的机能障碍，当失去占体重20%的水分时，即可导致死亡。故不可因猫咪耐渴而忽略它的水分补充。猫咪的饮水量与食物中的含水量密切相关，在饲喂半湿的食物时，猫咪只需少量饮水；而当猫咪进食猫粮等大量干食后，应增加饮水量。一般情况下，幼猫咪每千克体重每日需摄入60～80毫升水分；成年猫咪每千克体重每日需摄入水分40～60毫升。平时给猫咪常备一碗清洁的饮水是十分必要的，猫咪会根据身体需要而自行补充，主人只需将水经常置换，保持水质新鲜即可。

4. 猫咪需要碳水化合物吗

　　碳水化合物主要包括淀粉和纤维素。淀粉在肠道内可被分解成葡萄糖，进而吸收利用，而纤维素不易消化，却有助于肠蠕动，这对于维持正常的肠胃消化十分必要。

　　在猫咪的日粮中缺乏碳水化合物时，对猫咪的生长发育影响不大。碳水化合物不是猫咪必需的营养物质。但猫咪对碳水化合物的消化吸收能力较强，碳水化合物可给猫咪提供能量。虽然它所供能量没有脂肪高，但碳水化合物食物却是实际生活中猫咪所需能量的主要来源。这是因为碳水化物食物的种类多、容易获得、价格低廉，所以，在猫咪的日粮中应加入适当比例的碳水化合物食物。

5. 猫咪每天需要多少蛋白质

动物机体各种组织器官的主要成分就是蛋白质。蛋白质是生命存在的重要物质条件之一，是生命的基础。蛋白质由 20 多种氨基酸构成，其中有些氨基酸在猫咪体内能自行合成，而有些却不能自行合成，需要在饲料中提供。因此，在猫咪饲料中，不但要看蛋白质的含量，而且也要看氨基酸的种类和含量。

猫咪需要高蛋白成分的饲料，植物性饲料中有些也含有高蛋白成分（如黄豆），但猫咪对这种蛋白质的消化吸收、利用能力都较差，因此动物性饲料通常比植物性饲料更适合猫咪的需要。如果经常喂给猫咪一些动物性蛋白含量高的饲料，如肉、鱼、鸡蛋、肝脏、肾脏及动物其他器官组织，猫咪的生长发育就快，身体健壮，对疾病抵抗能力强。假如长期给猫咪喂以单调的食品，会使猫咪食欲减退，甚至厌食，最后出现营养缺乏而导致贫血、消瘦，所以猫咪的食物，应经常调换口味。

一般来讲，喂成年猫咪的干饲料中，蛋白质的成分不得低于21%，幼猫咪的干饲料中，蛋白质成分不应低于33%，如果是含有70%左右水分的湿性食物，成年猫咪的蛋白质含量不应低于6%，幼猫咪不应低于10%，最适宜蛋白质含量为12%~14%，最简单的蛋白质计算方法是成年猫咪每千克体重每日应有3克蛋白质。

6. 猫咪每天需要多少脂肪

脂肪是构成组织细胞的重要成分，是脂溶性维生素的溶剂，也是储存能量和供给能量的重要物质。脂肪的获取是猫咪机体所需能量的重要来源。脂肪的热量是37.62千焦/克，是碳水化合物、蛋白质产热量的2.25倍。同时，脂肪有很好的保温作用，能提高猫咪的御寒能力。

猫咪体内的脂肪大部分可由其他物质（主要是糖）来自行合成，但有一部分不饱和脂肪酸在体内不能合成或合成量不足，必须从饲料中得到，称为必需脂肪酸。必需脂肪酸主要有三种特殊的不饱和脂肪酸，即亚油酸、亚麻酸、花生油酸，这几种必需脂肪酸在猪油和鸡内脏脂肪中含量较多。一般来说，猫咪饲料中通常脂肪含量不应低于1%。

脂肪是猫咪不可缺少的营养成分，如果给猫咪长期喂低脂肪饲料，会导致猫咪精神倦怠，被毛粗乱无光，生殖器官发育不良和缺乏性欲而不能繁殖。因此，在猫咪食物中要注意脂肪的含量，特别是必需脂肪酸的含量，既可增加脂肪的摄入量，也可以给猫咪变换口味。猫咪喜食脂肪，而且能吃大量脂肪，脂肪含量高达占饲料中干物质的

64%，也不会引起任何异常。当然，猫咪食物中脂肪比例也不是越高越好，一般以脂肪占饲料干物质的 15% ~ 40% 为宜。

7. 猫咪对维生素有什么需求

维生素是一类化学结构不同，生理作用各异的有机化合物。维生素是各种动物的必需营养物质，在机体内所占的比例非常小，需要量不大，但却有着十分重要的生理功能。维生素的主要功能是调控机体内的代谢活动，如果缺乏维生素，就会导致生病，甚至引起死亡。

猫咪体内能合成大部分维生素，但也有少部分不能合成或合成不足，必须由食物中得到补充。由于动物性饲料中含有丰富的维生素，所以只要给猫咪提供充足的动物性饲料，一般是不会发生维生素缺乏的。

猫咪对维生素的需求主要包括以下几种，每种维生素都有其特定的功能和推荐摄入量：

维生素 A：对猫咪的视力、繁殖能力和骨骼发育至关重要。猫咪主要通过食物摄入维生素 A，如肝脏、鱼类和奶类。幼猫每天需要 1500 ~ 2100 国际单位的维生素 A，不足会导致生长缓慢或慢性维生素 A 缺乏症。

维生素 B 族：包括维生素 B_1、B_2、B_6、B_{12} 等，这些维生素参与猫咪的能量代谢、神经系统功能和免疫系统维护。如维生素 B_1 主要存在于猫粮中，幼猫每天需 0.4 毫克；维生素 B_2 每天需 0.15 ~ 0.2 毫克；维生素 B_6 每天需 0.2 ~ 0.3 毫克；维生素 B_{12} 每天需 0.0004 毫克。

维生素 C：虽然猫咪自身能够合成维生素 C，但缺乏时可能会出现伤口愈合缓慢、免疫力下降等问题。猫咪通常不需要额外补充维生素 C，因为它们能够通过体内合成满足需求。

维生素 D：有助于钙和磷的代谢，促进钙的吸收，维持骨骼健康。猫咪通过晒太阳或在皮肤中由 7 - 脱氢胆固醇合成维生素 D。建议每天提供 7520 国际单位 /1000 千卡的饮食。

维生素 E：具有抗氧化作用，保护肌肉细胞，促进繁殖机能和免疫力。猫咪每天需要 0.4 ~ 4 毫克的维生素 E。

维生素 K：参与凝血过程，促进血液凝固。猫咪的肠道微生物可以自行合成维生素 K，但如果患肠道疾病或日常饮食以鱼肉为主，则需要补充维生素 K。

维生素 H：参与碳水化合物、脂肪和蛋白质的代谢，缺乏时猫咪可能出现厌食、眼睛和鼻子的干性分泌物增多等症状。

了解这些维生素的需求可以更好地照顾猫咪，避免过量或不足带来的健康问题。

8. 猫咪对矿物质有什么需求

猫咪所需要的矿物质元素主要包括有：钙、磷、钾、钠、氯、铜、铁、硒、硫、锰、镁、钴等。这些矿物质无机盐是动物机体组织细胞的主要构成成分，是维持酸碱平衡和正常渗透压的主要成分之一，并且还是许多酶、激素和维生素的关键成分。它们在猫咪的新陈代谢、血液凝固、调节神经系统和维持心脏的正常活动中，都具有重要的作用。如猫咪的食物中钙、磷不足，或钙多磷少，或磷多钙少，都会引起猫咪生病。仔猫咪易患佝偻病，成年猫咪多发生骨软化抽搐或痉挛瘫痪等。哺乳期的母猫咪如果钙盐供应不足，将会影响幼猫咪骨骼的正常发育。为了防止猫咪发生缺钙现象，要用带骨的鱼肉喂猫咪，或者让猫咪啃吃生骨头。若给猫咪喂食动物性蛋白质食品较多时，可以同时加喂碳酸钙。正在哺乳的母猫咪，每天应补喂碳酸钙 0.4 克。

重点提示

虽然猫咪对这些无机盐需要量不大，但却是必不可少的。如果这些无机盐供给不足，会引起发育不良等多种疾病。这些无机盐大多数不是独立存在的，而是包含在普通的食物中。如果患猫咪出现某种无机盐缺乏或比例失调，应在兽医指导下有针对性地给予补充。

9. 什么是动物性饲料

动物性饲料是指来源于动物机体的一类饲料，因其含有丰富的蛋白质，故又称为蛋白质饲料。

动物性饲料来源非常广泛，几乎所有畜禽的肉、内脏、血粉、骨粉等均可做猫咪的饲料。鱼类、鸡蛋、动物脂肪等是猫咪非常可口的佳肴。另外，鸟、鼠、蛇、蚕蛹和昆虫等动物，也是很好的高蛋白质饲料。

动物性饲料含有丰富的蛋白质，如猪肉、牛肉、羊肉、鸡肉、兔肉

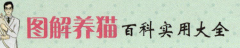

的蛋白质含量均在 16%～22% 之间，鱼肉的蛋白质含量 13%～20%，鸡蛋的蛋白质含量 12.6%。而且，动物性蛋白质的氨基酸种类比较齐全，远比植物性蛋白质的营养价值高。动物性饲料还含有较多的维生素和矿物质。如肝脏和脂肪内含有丰富的维生素 A、维生素 D、维生素 E 等，其中维生素 A 尤为重要。猫咪不能将胡萝卜素转化为维生素 A，所以，猫咪不能从植物性饲料中获得维生素 A。饲喂畜禽肝脏和鱼肝油、牛奶，才能满足猫咪对维生素 A 的需求。肝脏虽富含营养，又含有大量维生素 A，但用其他动物肝脏喂猫咪时，不仅每次给的量不能太大，而且每周给的次数也不可过多。猫咪吃生肝有轻泻现象，吃熟肝有时会引起便秘，所以，每周喂给肝脏以一次为宜。钙、磷是猫咪最重要的矿质元素，动物骨骼里含有大量的钙和磷，如骨粉里含钙 29%，磷 12.6%。只要经常喂一些带骨肉（或骨粉）和鱼，猫咪就不会缺乏钙、磷。

 ## 10. 什么是植物性饲料

植物性饲料的种类很多，如大米、大豆、玉米、大麦、小麦、土豆、红薯等。某些农作物加工后的副产品也可做猫咪的饲料，如豆饼、花生饼、芝麻饼、葵花籽饼、麦麸和米糠等。人们所吃的大米饭、面包、馒头、饼干、玉米饼等，猫咪更爱吃。适当给猫咪喂些蔬菜和青草，有利于猫咪的消化，还能补充维生素和矿物质。

大米、玉米、小麦、土豆等农作物中含有大量的碳水化合物，能提供较多的能量，而且猫咪对这些饲料的消化能力很强，价格又便宜，可以作为主要的基础饲料。这类饲料的缺点是蛋白质含量低，且氨基酸的种类较少，矿物质和维生素的含量也不高。大豆、豆饼、花生饼、芝麻饼、葵花籽饼等虽含有较高的植物性蛋白质，但植物性蛋白质与动物性蛋白质相比，前者氨基酸的种类没有后者多，其营养价值不如后者。所以猫咪的蛋白质来源，应以动物性蛋白质为主。

植物性饲料中含有较多的纤维素，纤维素不易消化，营养价值不大，却有很重要的生理意义，它可以刺激肠壁，有助于肠管的蠕动，对粪便的形成过程有良好的作用，从而可减少腹泻和便秘的发生。

植物性饲料的用量没有限制，以不影响猫咪对动物性饲料的摄取为准。

 ## 11. 猫咪的饲料怎样加工

无论是动物性饲料还是植物性饲料，在饲喂之前，都要经过加工处理。目的是增加饲料的适口性，也就是迎合猫咪的口味，使其愿意进食，提高饲料的消化率，防止有害物质对猫咪的伤害。

为了保持清洁卫生，饲料必须洗净，除去血污、泥沙等。猫咪吃食很挑剔，混有泥沙或污秽不洁的食物，它宁肯饿着也不吃，甚至它自己吃剩的食物，也不愿再次采食。因此，喂猫咪的饲料要干净，每餐少给，一日多餐。

各种肉类要煮熟，切成小块或剁成肉末，与其他饲料拌喂。生肉里可能有寄生虫或传染病病菌，猫咪吃后可能引起寄生虫病或感染传染病。有的肉里面还含有有害物质，比如生鱼里有一种酶，可分解破坏维生素 B_1。肉不能煮得太熟，煮的时间长了，会破坏蛋白质的结构和损失大量的维生素，一般煮到半熟就可以。

骨头可制成骨粉。骨粉也有成品出售，无需自己动手制作。如果买不到或为了省钱，也可自己制备。方法是：将骨头上的肉剔净，然后把骨头砸碎，上火烘焙，最后研成粉末即可；或将骨头晒干，砸成碎骨渣，再研成粉末，拌在饲料中一起饲喂。

各种谷物和麦麸、米糠类也要煮熟后喂，否则猫咪吃后不易消化。猫咪喜吃干食，不愿吃液态或糊状饲料。可将大米做成米饭，面粉做成馒头、面包，玉米面做成饼或窝窝头供猫咪食用。

豆科植物和饼类饲料也是很好的猫咪饲料，但必须加强管理。如花生饼，应及时晒干和防止被雨水淋湿，当其发霉后产生的黄曲霉毒素，对猫咪有强烈的毒性，可引起中毒死亡。用生黄豆或生豆粉喂猫

重点提示

猫咪爱吃鱼，但是鱼吃多了，反而容易造成营养失调。饲料中鱼过多能破坏猫咪体内的维生素 E，要考虑补充维生素 E。有的养猫者用生的鱼头和鱼内脏喂猫咪，这是不科学的，不但易引起腹泻，还可能感染寄生虫病和传染病，要煮熟切碎再喂。

咪时，因其中含有胰蛋白酶抑制素，能抑制胰蛋白酶的分泌，影响对蛋白质的消化吸收。生黄豆、生豆粉还含有红细胞凝集素和皂角素，都是有毒物质，所以，必须煮熟后喂或在榨油后用豆饼或豆粕喂猫咪。

12. 怎样给猫咪配置日粮

　　猫咪在一昼夜内所采食的各种饲料的总量,叫做猫咪的日粮。目前,我国大多数的养猫者并不一定为猫咪特别调制饲料,只在饭中配以适量的肉和鱼。一般情况下,这样做也不会影响猫咪的生长发育。为了使猫咪能更加健康地生长,根据其营养需要,将各种饲料按一定的比例混合在一起,制成营养比较全面的日粮,还是十分必要的。给猫咪配制日粮有四个原则。一是营养要全面。首先要考虑满足蛋白质、脂肪和碳水化合物的需要,然后再考虑添加维生素和矿物质。先考虑质量,后考虑数量。二是花样要多变。长期饲喂单一的饲料会使猫咪厌食,进而出现营养缺乏症。因此,要经常地调整日粮的配方,为猫咪调剂伙食。三是区别对待。要根据猫咪的不同品种、不同年龄、不同阶段的食性特点,灵活掌握。如国内品种猫咪适应性强,对饲料的要求不高,可以谷物类饲料为主,鱼、肉为辅;进口猫咪要以鱼、肉等饲料为主,加点米饭、馒头等。四是讲究卫生。要选用新鲜、清洁、适口性好的饲料,不用发霉变质的饲料来配制日粮。

13. 出售的猫咪饲料有哪些

　　市场上有多种商品猫咪饲料出售,一般可分为干燥型饲料、半湿型饲料和罐头型饲料三类。这些饲料经过科学配方,以适应不同生长发育阶段猫咪的营养需要,其营养成分较全面,饲喂时不必再加工,非常方便,适口性好,易消化吸收。

（1）干燥型饲料

这类饲料通常都由各种谷类、豆科子实、动物性饲料、水产品及其加工副产品、乳制品、脂肪或其他油类和各种矿物质、维生素、添加剂等加工制成各种颗粒状或薄饼状饲料，可长时间保存，也不需冷藏。干燥型饲料中含水量低，一般在8%～12%之间，粗蛋白质含量占干物质的32%～36%，粗脂肪占8%～12%。使用此类饲料喂猫咪时，必须供给足够的新鲜、清洁饮水。

（2）半湿型饲料

这类饲料的含水量在30%～35%，粗蛋白质含量占干物质的34%～40%，粗脂肪占10%～15%，其制作原料与干燥型饲料相同。其包装量每袋为一只猫咪一餐的食量。半湿型饲料为饼状、条状或颗粒状，其中必须加入防腐剂和抗氧化剂，真空包装，不需冷藏，能在常温下保存一段时间而不变质。但保存期不能太长，打开后应及时喂猫咪，以免腐败变质，尤其是在炎热的夏季，更应开袋即食。

（3）罐头型饲料

这类饲料的含水量更高，为72%～78%。粗蛋白质含量占干物质的35%～41%，粗脂肪占9%～18%。通常包括动物性产品、水产品、谷类或其副产品、豆制品、脂肪或油类、矿物质及维生素。各种营养成分齐全，适口性好。也有以某一

种饲料为主的单一型罐头饲料，如肉罐头、鱼罐头、肝罐头、蔬菜罐头等，个人可根据自己饲养猫咪的口味及营养需要，进行选择和搭配。这类饲料，使用方便，但打开后应及时喂食。

14. 喂食为什么要定时定量

猫咪每天喂几次，每次喂多少饲料，这是每个养猫者都应明确的问题。有的养猫者误认为只要给猫咪添足饲料，就不用管它吃几次，吃多少，吃完了再添就行了。这不但造成浪费，也不符合饲养卫生的要求。喂猫咪要定时定量，这样既可使它吃饱，又不会浪费饲料，还有利于胃肠的正常生理活动，增强对食物的消化吸收。一般情况下，每天早晚各喂 1 次比较合适，晚上给食量应多于早晨。对于怀孕或哺乳的母猫咪分早、午、晚 3 次给食为宜。小猫咪的饲喂次数应多一些。

15. 喂食需要注意哪些问题

（1）用具要固定

猫咪对食具的变换很敏感，有时因换了食具而引起拒食。要保持食具的清洁卫生，每次猫咪吃剩的饲料要倒掉或收起来，待下次喂食时和新饲料混合煮熟后喂给。食具洗刷干净，并定期消毒。这样做，有助于猫咪养成定时采食的习惯。

（2）地方要固定

猫咪喜欢安静的环境，不喜欢在嘈杂声中和强光的地方吃食物。

如果有客人来访，不要在猫咪吃食物时向客人展示猫咪，陌生人的出现，会大大降低猫咪的食欲。

（3）养成良好习惯

猫咪有把食物叼到外边吃的习惯，发现这种情况，要立即制止。经过数次后，就能使猫咪改变这一不良习惯。

（4）猫咪喜食温热的饲料

凉食、冷食不但影响猫咪的食欲，还容易引起消化功能的紊乱。一般情况下，饲料的温度以 25 ~ 40℃最好。从冰箱内取出的饲料，要加热后再喂。

猫咪虽然饮水不多，但也要备有充足的清洁饮水。不能用菜汤、淘米水等代替清水，猫咪也不喜欢喝。饮用水必须是清水，而且每天都要换水。饮水碗可以放在食具一边，以便猫咪口渴时自由饮用。

16. 哪些食物过量有危害

下面这些食物不能为猫咪提供均衡的营养，过量食用还有害。因此，饲喂这些食物时应适量，不要让猫咪养成偏食的习惯。

（1）动物肝脏。一些猫咪很爱吃动物肝脏并且拒绝吃其他食物。动物肝脏中含有大量的维生素 A，过多地摄入维生素 A，会导致猫咪的肌肉僵硬、颈痛、骨骼和关节变形以及肝脏疾病等。

（2）高脂食品。如果猫咪的饮食中含有大量高脂肪的鱼类或不新鲜的肥肉，会导致体重增加和肥胖、影响血糖平衡。长期摄入高脂食品还可能导致动脉硬化，进一步增加心血管疾病的风险。

（3）生鱼。某些生鱼中含有可破坏维生素 B_1 的酶，而维生素 B_1 的缺乏可导致猫咪的神经疾病，严重时会致命。这种酶可以通过加热破坏，所以一定要将鱼做熟以后再喂猫咪。

（4）肉。虽然猫咪的饮食应以肉类为主，但如果只给猫咪喂食肉类食品，会导致矿物质和维生素摄入的不均匀，进而引发严重的骨骼代谢紊乱。

（5）鱼肝油。在为猫咪补充额外维生素和矿物质时应特别谨慎，过量食用鱼肝油会导致维生素 A 和维生素 D 的超量摄入，进而引发骨骼疾病。

如果没有给猫咪配餐的经验，建议最好使用由宠物护理专家专门研制的猫粮，一般商场都可以买到猫粮。猫粮不仅可以为猫咪提供均衡、完备的营养，而且还不需要再为它额外补充营养。使用这种产品还可以避免饲喂错误。

17. 如何防止猫咪食物中毒

人们常以为动物的抵抗力比人类强，其实，动物同人类一样会发生食物中毒现象。而且，比起人以及狗等动物，使猫咪发生中毒的毒物剂量要低得多。就是说，人或狗吃了可能还没有太大问题的食物，猫咪如果吃了，可能会出现中毒反应。

猫咪的食物有时会受到有意或无意的污染。如喂猫咪吃的生鱼含汞，饲料被毒鼠药或其他杀虫药污染，牛肉、鸡肉中含有用于催肥的雌激素。

常用的毒鼠药可以毒死老鼠，对猫咪也会有一定毒性，猫咪误吃

了被毒死的老鼠，会引起二次中毒。

有些药物也能使猫咪中毒，如氯霉素对猫咪有一定的毒性。

一些防腐剂，如苯甲酸能使人类的食物防腐，但对猫咪来说，却可能成为急性或蓄积性的毒物。

一些不科学的饲养方法也会引起猫咪食物中毒，如食器中残留过久的食物、不清洁的饮水、腐败变质或冰冻过久的食物等，以及经常喂猫咪生肉、生鱼，都容易使猫咪发生食物中毒。

食物中毒在夏季尤其容易发生。夏季温度高，湿度大，沙门氏菌、葡萄球菌、肉毒梭菌、大肠杆菌等最易繁殖，一旦猫咪的食物，被上述某种细菌所污染，在适宜的温度下，细菌会进行大量的繁殖，产生毒素，猫咪食后极易引起食物中毒。

一旦发现猫咪有食物中毒现象，应迅速找医生诊治。

第二节 猫咪的日常管理

1. 如何准备猫咪窝

猫咪窝就是猫咪住和睡觉的地方。有了猫咪窝，猫咪才不会在屋内随便地这里钻钻、那里卧卧，忍受冷暖无常，这样既不卫生，也不利于猫咪的生长。对家庭养猫者来说，在买猫咪之前就应该准备好猫咪的日常生活用品。一般宠物商店均可买到这些日常生活用品，也可主人自己动手，因地制宜地解决。

简易猫咪窝可以用小木箱、篮子、藤筐、塑料盆、硬纸箱等物品做成。简易的猫咪窝里面和外面及边缘必须光滑、无尖锐硬物，以免损伤猫咪的皮肤。猫咪窝以塑料、木、藤制品为好，这样便于清洗和消毒。在猫咪窝底部垫以废报纸、柔软草垫，上面再铺上旧毛巾或旧床单等，使猫咪窝既温暖又舒适。饲养过程中应该经常更换猫咪窝的铺垫物，并将换出的脏物烧掉。

猫咪窝应放在干燥、僻静、不引人注意的地方。猫咪窝最好能照到阳光，不宜放在阴冷潮湿处。此外，猫咪窝要高出地面，这样既能保持干燥、清洁，又可使通风良好，保持凉爽的环境。

市场上的猫咪窝各式各样，更能满足大众的需求，它们通常立体感强内附海绵，可为猫咪提供舒适的感受。我们可以依据自己的喜好和家居风格，为猫咪选择颜色鲜艳、款式可爱的猫咪窝。

重点提示

不管猫咪窝怎样，猫咪窝里的铺垫都要经常更换和清洗，保持清洁，没有异味，同时还要随季节的变化，更换或增减铺垫物。清洗或更换铺垫物时，猫咪窝不可以随便转移，猫咪窝要相对固定，这是猫咪的一个习性。

2. 如何准备食具

猫咪的食具包括食盆和饮水盆。由于猫咪吃食物和饮水时喜欢前爪站到食具的边上，因此猫咪的食具要盆底重，盆的边缘要厚，如底重边沿厚的瓷碗或铁碗，这样不易被猫咪踩翻，即使踩翻打碎了也不会被划伤。一般家庭养猫咪用的食具往往是小盘和小碗，这样也可以。但有些人给猫咪喂食时，直接将食物放于桌面或地面上，这样喂养不科学。因为猫咪有爱清洁的习性，直接放于桌面或地面会影响猫咪的食欲，同时也容易导致细菌感染而生病，因此喂猫咪不但不可以将食物直接放在地上，而且还要在投食之前将食具洗净，切勿有隔顿或隔夜的残肴粘在食盆里。

有些猫咪吃食物时往往会将食物弄到外面来，因此在食具下垫上清洁的垫子，以保持地面的清洁，同时对猫咪进行调教，改正这一不良习惯。

3. 如何准备便盆

猫咪的便盆应以易洗、不吸收臭味、不易破损的材料如薄铁板、塑料、搪瓷器皿制成为佳，一般养猫者往往用旧脸盆之类做成便盆。木箱、硬纸箱不宜做便盆，因为这类材料易吸收尿粪气味，不便清理，有碍卫生，还会引起猫咪的反感而养成随地排便的习惯。

在猫咪的便盆中，应放入35厘米厚的砂子、锯末或炉灰，这可以满足猫咪在排便后用砂子掩盖粪便的习惯。但垫料颗粒不可太细，因颗粒太细会沾于被毛上，造成猫咪身体不清洁，影响美观。垫料也不能直接应用，需要消毒，再掺入少量小苏打，

用来消除猫咪尿的臊味。垫物也可以用撕成细碎片的报纸来代替，报纸随手可取，又便宜，只是需要经常更换。

猫咪便盆制作好，还要选择适当的场所。猫咪的厕所应选择人看

不到，日光照不着的阴凉隐蔽处，这样猫咪就可以安心上厕所了。因为阴凉，气味也不容易挥发扩散。如果厕所要换一个新环境，猫咪很难适应，这时可以将原便盆里的一小把砂子混入新便盆里，这样，猫咪嗅到自己厕所的气味，便可安心顺利地排便了。

猫咪爱清洁，因此猫咪的便盆要定期清洗，间隔时间不可以超过1周，夏天气温高时，间隔时间要更短。猫咪对气味很敏感，因此清洗便盆时不要用有强烈刺激气味的洗涤剂或消毒剂，可用洗衣粉或0.1%新洁尔灭液进行清洗，再用清水冲洗，也可以直接用清水冲洗。如果便盆留有强烈气味，猫咪很可能会拒绝入厕而随地排便。

在城市里，也有少部分养猫者利用卫生间，试图通过调教，使猫咪学会在抽水马桶里排便。但猫咪不肯与人合作，因此往往失败，当然也有些猫咪的合作意识较强，通过调教，也能获得成功。

4. 如何准备猫咪的玩具

贪玩也是猫咪的习性，小猫咪尤甚，小猫咪会在空地相互追逐，摔跟头，攀着树枝打秋千，就像一个顽皮的小孩。当然猫咪也非常喜欢玩具。

> 猫咪玩具和玩法都要有创新，一种玩具时间长了，它也会厌烦。猫咪对玩具没有太多奢求，甚至不一定要完整，只要有趣就行，有时主人用一根木棒或是一根绳子就可以和猫咪玩耍半天。

猫咪最喜欢的是圆形能滚动的玩具，如皮球、乒乓球、气球或是一个线团等。猫咪喜欢动，不喜欢静，也许是由于猫咪的视觉的原因，静止的物体常常不能引起它的注意，因此，在室内挂一些飘动的纸条、布带，或准备几件能动的小玩具，如能叫能动的小老鼠或是一只蹦跳的塑料小青蛙等，都将引起猫咪的极大兴趣。至于颜色是否鲜艳，这并不重要，因为猫咪对颜色的分辨力很差，几近色盲。

5. 猫咪到新家需要注意什么

迎接一只新的猫咪成员是一件令人兴奋的事情，但对于猫咪来说，新家可能是一个陌生而令人不安的地方。为了让猫咪尽快适应新环境，可以采取一些措施来帮助它们熟悉新家。

（1）猫咪不喜欢大而空旷的环境，比如客厅或者较大的卧室。在这样的环境里，它们会觉得紧张。当它们被放到一个比较大的空间里的时候，它们的第一反应就是：尽快找个地方躲起来！只有在狭小的环境里，猫咪才会觉得安全，也能够更快地适应新的环境。

（2）猫咪在新家待过的第一个地方，往往被它们认为是最安全的地方。在彻底熟悉新家前，它们会经常性地回到这个地方。也会反复从这个地方重新走出来，继续探索新家。直到它们已经完全熟悉这个家，并找到了更喜欢的地方为止。

（3）首先要安排好猫咪的"第一个房间"。带猫咪回家，最好在一个相对狭小、封闭、没有过多可以躲藏的地方，如卧室、书房、干燥的卫生间、关好窗户和门的阳台等放出猫咪，并且在这个房间内与猫咪进行最初的交流。

（4）猫咪从包里出来后，会贴着房间的墙走一圈。走过之后，基本就会认为这里是安全的。然后就可以抓紧时间抚慰猫咪，让猫咪尽

快和自己建立信任的关系。等猫咪在这个房间里可以自如的走来走去，并且已经喜欢且信任自己的时候，就可以打开房门让猫咪开始熟悉整个新家了。自己可以走在前面引导猫咪主动走出来，也可以让它自己行动。

数天后，小猫咪便被新环境及新的家庭成员所吸引，并开始在房间内到处走动，探索屋子里所有神秘的角落和摆设。此时，主人应训练它与家庭人员在同时间吃饭，并调教它在自己的小窝里休息。一般情况下，小猫咪的感情世界倾向于最先与它玩耍并喂它食物的人，不喜欢吵闹的小孩和不安静的地方。过多的摆布和调教会使小猫咪不高兴，因此，主人应有耐心，心平气和地与小猫咪沟通。小孩喜欢与小动物玩，但不应无休止地摆弄小猫咪，否则，它会因不适应新的环境而逃回以往的主人家或逃往其他地方。

对新来的小猫咪应注意防治食欲缺乏症。有的小猫咪常因某些原因，如饲喂地点不当、食盆不洁或由于呼吸道疾病而拒绝吃食物。此时，应找到发病原因，对于因环境不良引起的不食，可用适量味美可口的鱼、肉强行放入猫咪嘴里，以激化口腔内味觉感受器而引起食欲。由上呼吸道疾病引起的不食，则应用适当的抗生素进行对症治疗。

6. 怎样给猫咪起名字

现在猫咪的品种越来越多，形态各异，但都各有千秋。把可爱的猫咪领回家后当然要给它取一个独特、有趣的名字。一个有个性的名字，不仅能够凸显猫咪的个性，还能够增添家庭的欢乐氛围。

如何给猫咪取一个好听的名字？首先，给猫咪起名字不能太长，也不能太拗口，太长或者太拗口的名字不仅叫起来比较费劲，猫咪也很难记住。可以根据以下几方面起名字：

根据主人性格及爱好为猫咪起名字。很多养猫人会以自己的性格爱好来为猫咪起名，比如爱打麻将的，会以"二筒""八万""发财"等为猫咪起名字，喜欢二次元的会以"小新""波妞""露娜""七宝"等，还有些养猫人平时喜欢在网上冲浪，脑洞比较大，所以就有了很多搞笑又可爱的猫咪名字，比如"脑袋大""钱百万""驴得水""杠杠硬""坦克"等。

很土却非常容易上口的名字。土味的名字一般叫起来让人发笑，但又很幽默不复杂，很容易上口，比如："翠花""狗蛋儿""富贵儿"等。正所谓，土到极致就是潮。这样的名字虽然带着一股土气的风味，但是也会让人感觉亲近、亲切，听起来也让人心情愉悦。

根据猫咪本身的特点起名字。很多养猫人会根据猫咪本身特点来起名，比如，根据猫咪毛色，为其起名为"大黄""小黑""不白""小橘""雪球""煤球"等。还有根据猫咪性格起名字，比如"小憨憨""二哈""小公主""小懒猪""傻蛋"等，根据猫咪自己本身的特点起名不仅容易上口又很有趣味性，这样的名字叫多了会觉得很可爱。

以好的寓意为猫咪起名字。给猫咪起名字的时候可以通过吉祥话，好的寓意来起名，比如："钱多多""来福""招财""如意""旺财""平安"等给猫咪命名。给猫咪取寓意好的名字，希望猫咪给自己带来好运、财运，自己听起来也比较开心。

以养猫人的姓为前提来给猫咪起名字。现代很多人养猫会把猫咪当成自己的小孩，所以会让猫咪跟自己姓，然后就出现了很多："赵不住""李有钱""吴广进""李富贵""郑大钱""陈平安"等令人哭笑不得的名字。

7. 怎样跟猫咪相处

第一，要与猫咪交朋友，建立感情。要想得到一只猫咪的信任和友谊，也是一件不容易的事，采取强制手段建立感情是办不到的。而要像对待小孩一样，要和蔼，动作要轻柔，应经常与猫咪一起玩一些它所喜欢的游戏，以博

得猫咪的欢心。如果是新主人，则要有耐心，让猫咪逐渐地了解主人。猫咪在吃食物时都很温顺，这是接近猫咪的最好时机，可以和它轻轻地说话，但不要急着摸它。过一会儿，当猫咪表示放松时再接近它，动作不能太突然，说话声音不能太大，要让猫咪知道主人对它友好、

喜欢它。待进一步熟悉后，要给一些爱抚，但开始时不要太过分，动作要慢，用手轻轻地从头至尾慢慢地抚摸猫咪。这时它已基本上消除了戒备心。经过几次之后，它就会慢慢地对主人产生感情，而且，这种感情只要主人不破坏，就可长久地巩固下去。

第二，在掌握了猫咪的一些习性之后，还要了解猫咪的个性，这样有利于建立人和猫咪的友好关系。每只猫咪的性格是不完全相同的，有的猫咪喜欢运动，有的猫咪比较懒惰，有的猫咪喜欢和主人亲近、撒娇，有的猫咪则不喜欢主人过多的抚摸和搂抱，有的猫咪喜欢球状的玩具，有的猫咪则对小鸟之类的玩具感兴趣。

第三，不要经常地惩罚和粗暴地对待猫咪。一般情况下，到了一定年龄的猫咪与主人生活一段时间

重点提示

知道了猫咪的个性，就可有的放矢地采取措施，增进猫咪对主人的感情。但不要忘记，猫咪毕竟是动物，食物对它来说是头等重要的，因此，给猫咪提供充足可口的食物和一个干净、舒适的居住环境，是巩固猫咪和主人感情的重要基础。

以后，都知道什么事情是可以做的，什么事情是不允许的。除了某些恶癖需要认真地纠正之外，偶尔有不符合人意的地方，不要随意打骂。否则，猫咪会认为主人不喜欢它，感到家里没有温暖，甚至会离家出走。

8. 春季如何管理猫咪

春季猫咪护理的重点是对猫咪的发情期管理及常梳理被毛，保持清洁，防止寄生虫及皮肤病的发生。

春季是猫咪求偶、交配、繁殖季节。猫咪虽然一年四季均可发情，但以早春（1～3月）居多，发情的母猫咪活动增加，精神兴奋，表现不安，食欲减少，特别在夜间，出现粗大的叫声，以此来招引公猫咪。公猫咪在母猫咪的招引下，经常外出游荡，随地撒尿以圈定自己的势力范围，并且常为争夺配偶而打架造成外伤，由于猫咪爪长而带钩，皮肤被抓伤后，伤口虽不大，但比较深，感染后易化脓，严重的可危及生命，因此对外出回家的猫咪（特别是公猫咪），要仔细进行检查，发现外伤及时治疗。

6月龄的猫咪虽达到了性成熟程度，可以发情交配怀孕，但此时身体各部分生理功能发育还不够完善，要防止过早交配，影响身体发育，因此对6月龄的猫咪要严加看管。当母猫咪符合产仔条件后，主人也要注意不能任其自行交配，要选择各方面都使自己满意的公猫咪作种猫咪，这样才可获得优良的后代。如不想让猫咪发情，最好在6月龄左右做去势术。

春季也是猫咪换毛的季节。寒冷的冬天过后，天气变暖，覆盖在猫咪全身的厚而密的被毛将脱落，如不及时清除，会引起皮肤瘙痒，易形成被毛擀毡，也会使寄生虫和细菌在皮肤孳生。皮肤瘙痒还会使猫咪用爪挠，易抓破皮肤，引起感染。

9. 夏季如何管理猫咪

夏季天气炎热，空气潮湿，要注意预防中暑和食物中毒。

猫咪是怕热的动物，它体表有被毛覆盖，且全身缺乏汗腺，仅在四只脚掌有少量汗腺，体温调节能力差，当外界温度过高时易中暑。主要表现为体温升高，张口呼吸，心率加快等症状。此时可用湿毛巾冷敷，同时保持室内通风，并请兽医治疗。

　　天气炎热影响猫咪的食欲，大多数猫咪体形消瘦，喜卧懒动，同时高温潮湿的环境最适合细菌、真菌的繁殖，其中以沙门氏菌、葡萄球菌、肉毒梭菌、大肠杆菌等为数最多，当猫咪吃了被这些细菌污染的食物时，在适宜的温度下，细菌会大量繁殖而产生毒素，引起猫咪食物中毒。这种中毒潜伏期多为 2 ~ 20 小时，中毒的临床表现为食欲减退或废绝，被毛竖起，体温升高，身体哆嗦怕冷，不时发出痛

苦的哀叫、呕吐、腹泻、腹痛等，致使机体迅速衰弱，严重时可危及生命。一旦猫咪中毒，就应立即送宠物医院请兽医诊治。

　　预防食物中毒，关键在于食物。夏季喂猫咪的食物应经过加热处理，最好喂新鲜的熟食，喂饲的量要适当，防止剩余。下次喂食时应将剩食倒掉，并对食盆进行彻底清洗，以防止食物中毒的发生。

10. 秋季如何管理猫咪

　　秋季气候宜人，猫咪的食欲旺盛，体力得以恢复，同时又进入了第二个繁殖季节。

猫咪进入第二个繁殖季节，除在春季管理中提及的注意事项要加强外，还要特别注意猫咪的外伤及产科疾病，如子宫内膜炎、产后感染、流产、早产、难产等。

秋季气温逐渐开始变冷，为了迎接寒冬的来临和适应早晚气温的变化，猫咪的被毛开始逐渐增厚，因而猫咪的食欲旺盛，此时要提高饲料的质量和增加食量，以增强猫咪的体力。还要注意经常梳理被毛，保持皮肤的清洁。

秋季昼夜温差变化大，要注意猫咪的保暖及运动，预防发生感冒及呼吸道疾病。

11. 冬季如何管理猫咪

冬季气候寒冷，猫咪运动量不足，在管理上要注意预防呼吸道疾病和肥胖症。

冬季气温低，光照时间短，当天晴日暖之时，要多让猫咪晒太阳，特别是正在生长发育的仔猫咪，晒太阳不仅可取暖，而且阳光中的紫外线既有消毒杀菌之功效，又可以促进猫咪体内维生素 D 的转变，从而增强肠道对钙的吸收，有利于骨骼的生长发育，防止仔猫咪佝偻病的发生。

冬季还要注意室内保暖，有取暖设备的养猫户，保温条件好，但要防止室内外气温的骤变，猫咪体温调节能力较差，气温变化快，不能一下子适应，容易引起感冒，严重的可继发呼吸道疾病。如果用火炉取暖的养猫户，要注意一氧化碳中毒或炉火烧伤。

冬季由于室外气温低，导致活动减少，如管理不当，易造成猫咪肥胖症、糖尿病、妊娠难产等疾病。所以应增加室内活动，如逗玩、游戏等，还可以训练直立、打滚等技巧。另外，要防止猫咪钻被窝与人同睡，这一习惯必须纠正，以防疾病的传播。预防方法是可在猫咪窝里增加铺垫，或加热水袋进行加温，同时可将窝移入暖和的室内。

12. 怎样捉猫咪

　　给猫咪洗澡、梳理被毛和训练时，都免不了捉猫咪。捉猫咪本是一件很普通的事情，但如不注意，容易被猫咪抓伤，或使猫咪受到伤害。捉猫咪时，要先和猫咪亲近一下，轻轻拍拍猫咪的脑门，抚摸猫咪的背部，然后，一只手抓起猫咪颈部或背部的皮肤，另一只手臂迅速抱住猫咪或托住猫咪的臀部，再用手轻轻地抚摸猫咪的头部，尽快地使其安静下来。如果是小猫咪，用一只手抓住颈或背部的皮肤，轻轻提起即可。如果是怀孕的母猫咪，要倍加注意，动作要轻柔，轻拿轻放。

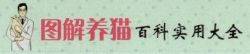

千万不能揪猫咪的耳朵、揪猫咪的尾巴或抓四肢。揪耳朵，有可能使猫咪的耳朵折断，造成伤残。猫咪不喜欢别人动它的尾巴，揪尾巴很容易招致猫咪的攻击。这一点有小孩的家庭要特别注意，因为小孩最喜欢揪猫咪尾巴。捉猫咪的四肢，很容易被猫咪咬伤或抓伤。也不能用手卡住猫咪脖子将猫咪捉起，这样猫咪很不舒服，会乱抓乱蹬，也可能导致猫咪颈部关节受伤或者人被抓伤。

13. 如何护理老年猫咪

猫咪衰老是一个缓慢的过程，特征并不明显，但只要仔细观察，也不难觉察出猫咪衰老的现象。一是我们可以根据猫咪的牙齿来判断猫咪的年龄。二是，一般猫咪衰老后，不再像以前那样活泼好动、充满活力，而是变得懒惰、少动，每天睡眠的时间变长，而且爱在阳光下睡觉。三是听力和视力的敏锐性，以及对事物的好奇心都降低了。四是被毛变得粗硬而且呈灰色，胡须变白，皮肤弹性变差。五是免疫力降低，抗病能力减弱，经常生病，而且症状较重，康复也较慢，如果出现以上特征，就表明猫咪已经进入了老年期。

老年猫咪的各种生理机能都有不同程度的变化。虽然猫咪一向个性孤傲，爱独立，但此时却更需要主人给予更多的关心。一只猫咪从幼年到老年，与主人共同度过十几年难忘的时光，给主人带来了不少欢乐，因此，当猫咪进入老年期，要尽可能让它生活得舒适。主人要经常抚摸它，给它梳理被毛，同时要注意提供良好的饲料。良好的营养对老年猫咪非常重要，精心地饲养和管理会延长猫咪的寿命。老年猫咪的饲料要含有高质量的蛋白质，足够的脂肪，充足的无机盐和维生素。因为掉牙、咀嚼有困难，所以饲料要软，易消化。因为老龄猫咪的味觉和嗅觉有所减弱，食欲不是很好，所以要选猫咪爱吃的食物来提高猫咪的食欲，并要少吃多餐。老年猫咪由于机体性能衰退特别容易生病，常见的主要有口腔疾病和牙病，以及便秘、皮肤病、贫血等，因此平时要注意观察猫咪的各种行为，发现异常，及时治疗。老年猫咪也不能进行训练和做高难度的动作，因为老年猫咪肌肉和关节的配合及神经的控制协调功能也已衰退，易拉伤或发生骨折等。

老年猫咪到一定时候，生了病，不吃不喝，几天便自然死亡，不会给主人带来丝毫麻烦。

14. 如何护理生病的猫咪

猫咪独立性强，又有躲藏和保持沉默的习惯，并能忍受较大的痛苦，因此猫咪生病较难发现。但在生活行为上，或多或少要表现出某些异常，只要主人留心观察，定能发现。

当发现猫咪生病后，应及早请宠物医生诊治，同时还要主人一心一意精心地护理。猫咪身体虚弱，要尽可能减少活动，应将猫咪安置在舒适、温暖和安静的地方，不要经常打扰它，让猫充分休息，减少消耗，保持体力，以增强对疾病的抵抗力。

猫咪的饮食护理尤为重要。猫咪往往由于疾病影响引起食欲中枢抑制而食欲不振，即使是猫咪平时最爱吃的食物也会觉得平淡无味。只要疾病得到治疗，食欲自然会恢复。在患病期间，由于厌食，还可能出现呕吐、腹泻等症状，若不及时地补充营养物质，特别是水分，可能引起脱水，导致机体一系列的功能紊乱、酸中毒、心力衰竭等现象，甚至可能引起死亡。因此在猫咪的饮食护理中，首先要给猫咪充足的饮水，可自己配制糖盐水，比例是 100 毫升水中加入 5 克葡萄糖或多维葡萄糖，0.9克食盐。用塑料瓶等工具灌服，每天3~4次，每次每千克体重5~10毫升，灌服时不要急，防止呛水。当脱水严重时，应送宠物医院请兽医进行输液。在疾病治疗期间，虽然猫咪食欲不振，但也应给予一些含少量脂肪的食物刺激食欲，或喂些米汤、豆浆、牛奶等易消化的流汁食物。

对猫咪的护理，还应搞好猫咪的卫生。猫咪虽爱清洁，但患病后力不从心，体力不济，行动迟缓，不能整理自己的被毛，出现被毛脏乱，眼分泌物增多等，严重者甚至排便不入厕，造成被毛和环境的污染。此时主人要加强护理，认真梳理被毛，促进体表血液循环，当被毛被污染时，要及时擦洗干净。

重点提示

当家中发现不止一只猫咪生病时，应及时同健康猫咪隔离，防止疾病传染。并对其用具用0.5%过氧乙酸溶液喷洒或用2%的氢氧化钠水溶液消毒，不宜消毒的物品应一并做无公害处理而不可乱扔，切不可存侥幸心理，以防对人的健康造成威胁。

15. 为什么给猫咪去势

猫咪出生后 5 ~ 8 个月可达到性成熟年龄而开始发情，而且一年四季都可以发情。这时的公猫咪和母猫咪，大多兴奋不安，食量减少，叫声比平时高且粗，特别是夜间，常搅得人睡不好觉。公猫咪身上还会产生一股难闻的臊味。猫咪的这些变化是体内性激素导致的，纯属一种本能。有些人缺乏了解，不能容忍，或大声呵斥、打骂猫咪，对猫咪进行"惩罚"，或给猫咪吃镇静剂、避孕药等，都无济于事。

其实，如果养猫咪只是为了观赏、玩耍，不想让它配种或生小猫咪，就可以在猫咪到达性成熟后，带猫咪去兽医院进行"去势"手术，这是最理想的办法。"去势"，是动物医学上的一种术语，即摘除雄性动物的睾丸或雌性动物的卵巢，这样动物就不再受体内性激素的制约，也不再会出现烦人的"闹猫"本能。去势后，公猫咪和母猫咪都失去了生育能力，但不会影响猫咪的健康和性情，反而，会使猫咪变得更加温顺，易于管理。

16. 怎样给猫咪去势

猫咪去势手术需麻醉后进行，母猫咪比公猫咪的手术复杂，多在出生 6 个月以后性成熟时进行。公猫咪一般多在 6 个月以前性未完全成熟时进行为好。

手术时要注意避开最热和最冷的天气。手术前停食停水半天，尤其是母猫咪。身体不佳或有病的猫咪，暂不宜去势。

手术后的护理很重要，应注意以下几点：

待猫咪完全清醒后，应给予新鲜饮水，再经二三小时后，可以喂流食，但量不宜过多，以后逐步恢复正常的喂养。

要保持创部干燥，手术一般需6～7天可基本康复。同时要让猫咪减少活动，2～3周内不能洗澡。

如果手术后二三天内，发现有感染，流出分泌物，体温升高，局部出现硬肿，需及时请兽医诊治。

母猫咪去势后，可很快停止发情不再闹猫。如果公猫咪成年后去势，一般要经过一个月之后才停止闹猫。猫咪去势后，活动量减少，如果主人偏爱，供给营养过剩，猫咪很容易产生肥胖症、糖尿病等。因此，应适当控制营养，主人多同猫咪玩乐，加强猫咪的运动，防止长得过胖。

 17. 怎样给猫咪进行防疫

对猫咪危害较大的传染病有多种，如猫泛白细胞减少症（又称猫瘟），致猫咪的死亡率高达90%以上。还有人畜共患的烈性传染病，如狂犬病，能直接威胁到人的生命安全，因此对猫咪加强疾病预防，搞好防疫有十分重要的意义。

目前国外研制的猫用疫苗有猫鼻气管炎苗、猫杯状病毒疫苗、猫泛白细胞减少症疫苗、猫狂犬病疫苗、猫肺炎疫苗、猫传染性腹膜炎疫苗和猫白血病毒疫苗 7 种。我国已进口的猫疫苗有猫三联苗，可预防猫泛白细胞减少症、猫鼻气管炎和猫杯状病毒疫苗。猫三联疫苗的注射方法为幼猫咪 9 周龄或更大些开始注射，每次 1 个剂量，间隔 3 ~ 4 周再注射一次，以后每年注射一次。国内有些院校研制成灭活苗，经试用观察 2 ~ 3 年，表明该疫苗安全有效，能达到控制疫情、预防发生的目的。该疫苗 9 周龄注射，间隔 3 ~ 4 周再注射一次，以后每年注射一次。

给猫咪注射疫苗，要注意以下事项。

①严格按疫苗说明书上的说明操作，按时按量按次给健康猫咪注射。

②不到注射疫苗年龄的猫咪，不能注射。小于注射疫苗年龄的猫咪，从母体中带来的或从母乳中获得的抗体还没有消失，此时注射疫苗，疫苗和抗体作用会使注射的疫苗失去预防作用。

③养在家中不外出的猫咪，也需注射疫苗，因为有些病原菌可由家中的人带来，传染给猫咪。

刚买来的猫咪（特别是市场上买来的猫咪），有可能接触了病源而染上了疾病，正是潜伏期，此时不宜马上进行疫苗注射。解决方法可先注射预防血清，预防血清一般具有 2 周的免疫力，2 周后，待猫咪身体健壮了，再进行疫苗注射。

18. 猫咪哪些疾病会传染给人

伴侣动物的许多疾病均能传染给人，人类的某些疾病也可能传染给动物。对于猫咪而言，以下疾病是人猫共患疾病：沙门氏菌病、鼠疫、出血性败血病、炭疽、狂犬病、弓形体病、阿米巴痢疾、肺吸虫病、日本血吸虫病、绦虫病、疥癣、曲霉菌病、囊球菌病等。

猫咪与主人生活在一起，卫生条件与野猫当然有很大的差别。生活在城乡家庭中的伴侣猫咪，离开了野生动物疾病传播的生物链，加上每年注射狂犬病、三联疫苗等防疫针，一般不是传染病的来源。

家养伴侣猫咪最容易传染给人的疾病主要是弓形体病和皮肤真菌（即癣）。

弓形体病为人畜共患的寄生虫病。临床上以发热、呼吸困难、贫血、流产、胎儿畸形为主要特征。大多数猫咪以隐性感染为主，成为带虫者可传染给人。如果怀疑有此病，应将猫咪带到动物医院进行实验室化验，检查有无感染此病。为了有效预防此病应当做到：禁止喂给生肉及未煮熟的肉；消灭老鼠；及时处理猫咪的粪便。

第三章

猫咪的清洁与美容

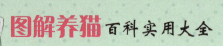

1. 猫咪为什么特别爱干净

在家养动物中，猫咪最讲卫生，它每天要用爪子洗几次脸，每次都在固定的地方大小便，便后都要用土将粪便埋起来。猫咪喜欢清洁的习惯是人们愿意养猫咪的一个重要原因。但猫咪真像人们想象的那样，讲究卫生，爱清洁吗？按照动物行为学和进化论的理论，动物的每一种行为不会无缘无故地形成，都有一定的行为学意义。猫咪的爱干净，不具有人那样"打扮"自己的动机，而是在进化中的一种出于生理需要的行为。如猫咪用舌头舔被毛，是为了刺激皮脂腺的分泌，使毛光亮润滑，不易被水打湿，并能舔食到少量的维生素 D，促进骨骼的正常发育，还可使被毛蓬松，促进散热。这一点，只要注意一下猫咪喜欢在什么时间梳洗就不难理解了。猫咪一般常在进食和玩耍后，或追击猎物剧烈运动及

在阳光下睡醒以后开始梳洗整理被毛。在炎热季节或剧烈运动之后，体内产生大量的热量，为了保持体温的恒定，必须将多余的热能排出体外。

我们人类可以用冲洗或出汗的办法解决，但猫咪的汗腺不发达，不能蒸发大量的水分，所以，就利用舌头将唾液涂抹到被毛上，唾液

里水分的蒸发可带走热量，起到降温解暑的作用。在脱毛时经常梳理，可促进新毛生长。另外，通过抓、咬，能防止被毛感染寄生虫病，如跳蚤、毛虱病等，保持身体健康。

> 猫咪掩盖粪便的行为，完全是出于生活的本能，是由祖先遗传来的。猫咪的祖先——非洲野猫，为了防止天敌从其粪便气味发现它、追踪它，于是就将粪便掩盖起来。现代猫咪的这种行为已丝毫没有这方面的意义了，但却使猫咪赢得了讲卫生的好声誉。

 ## 2. 怎样训练猫咪的大小便

一般家庭养的猫咪活动范围有限，都与主人共同生活在一个环境中，因此必须注意保持室内和猫咪身体的清洁卫生，这样才有利于猫咪和主人的健康。

首先要训练猫咪在固定的地点便溺。猫咪是比较爱清洁的动物，但不要认为只要给它准备了便盆，猫咪就会自己到便盆里去便溺。固定便溺地点的习惯是要经过训练才能养成的。训练时，在房间

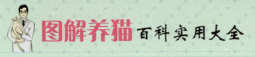

角落或者卫生间放上猫砂盆，其中放 3 ~ 4 厘米厚的猫砂，最上层放少许带有猫咪尿或屎味的砂子。把猫咪引到便盆处，先让其闻盆内砂子的味道，这样它就会在便盆里排便，如猫在猫咪砂盆外其他地方排便，要即时制止，并将它带到猫砂盆里进行排便，如果已经在猫砂盆以外的地方排便，应将小猫咪的头轻轻地压到粪便处，让它闻其味道，并在小猫咪面前将排出的粪便清理到猫咪砂盆里，将其掩埋并将小猫咪的头按压到其处让小猫咪闻其味道。

这样重复数次，就可改掉其到处排便的不良行为。便盆要经常清洗和更换垫物，保持清洁和无臭味，防止猫咪感到便盆脏而更换便溺地点。如能训练猫咪到人的卫生间便池内便溺则更为理想。

3. 猫咪用具怎样定期消毒

猫窝及食具和便盆要经常清洗，定期消毒，这样既可做到清洁卫生，又可预防疾病。

猫窝内所有的垫料要经常更换，猫窝要拿到阳光下晾晒，利用阳光中的紫外线，达到杀菌消毒的目的，防止病菌繁殖和寄生虫滋生。这是个消毒效果好，又不需花钱的好办法。也可用药物消毒，但不能用气味太大或刺激性强的消毒药，可选用 0.1% 的过氧乙酸，其刺激性小、杀菌力强，喷洒在猫窝及其周围环境，能杀死大多数病菌。用 0.1% 新洁尔灭液浸泡食具、便盆 5 ~ 10 分钟，或用 3 ~ 4% 的热碱水浸泡、洗刷后再用清水冲洗干净。如果便盆有臭味，可用除臭剂消除。

4. 怎样清除猫咪的臭味

猫咪是受人喜欢的宠物，养猫咪会给人们带来快乐和消除寂寞，但在养猫咪的居室里，经常闻到猫咪的排泄物和分泌物散发出的臭味。猫咪的主人可能由于习以为常，久而久之不闻其臭了，但亲朋好友来了往往不堪其臭，坐立不安。从卫生角度来说，猫咪的臭味无论是对主人还是对客人都是有害的。因此，大有必要用各种办法清除猫咪的臭味，可从以下几方面做起：

①每天及时清除给猫咪梳毛脱落下的毛、皮屑、污垢等物，以免它们散落在居室的床上、沙发、衣物和地毯等处，既污染居室，又会发出猫咪的臭味；

②常常给猫咪洗澡，保持清洁，也可减少猫咪的臭味；

③猫咪的口腔如有臭味时，可用清水清洗除口臭；

④保持居室内清洁卫生，经常打扫、消毒，每周并用除臭剂喷洒一次；

⑤猫咪的用具，应经常清洗、消毒、除臭，此外，还应在晴天时放在室外阳光下照晒，可有效地清除猫咪的臭味。

重点提示

保持居室通风良好，经常打开门窗，以便将猫咪的臭味散发出去。训练猫咪在一定的场所大小便，有抽水马桶的可教会猫咪在抽水马桶上大小便，这是最理想的。无抽水马桶者，教会猫咪在便盆里大小便，便盆里铺上炉灰、砂土等物，但必须及时清除，并经常清洗便盆。

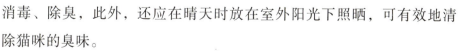

5. 怎样给猫咪洗澡

给猫咪洗澡可洗掉毛、皮上的污物，使被毛光洁、漂亮，能消除体外寄生虫，如虱、蚤等，防止某些皮肤病的发生。因此，要让猫咪从小养成洗澡的习惯。给猫咪洗澡，就像给婴儿洗澡差不多，一个人也能完成。盆内放入40～50℃的温水，洗澡水不要太多，以不淹没猫咪为好，或用淋浴缓流水冲洗。

对没有洗澡习惯的猫咪或淘气的猫咪，最好有两人配合进行，一人固定猫咪，一人洗澡。洗澡时轻轻地往猫咪身上撩水或用缓水流喷淋，注意不要溅起水花，因为这可能吓着猫咪。待猫咪身上全弄湿了以后，用洗发精或中性肥皂从头颈到背、腹、尾、脚的顺序轻轻揉搓，使产生泡沫，然后用另一盆清温水或喷淋彻底冲洗干净。在整个洗澡过程中，不能让猫咪淹着，防止水灌进猫咪耳朵，避免肥皂沫刺激眼睛。

洗完后，迅速用干毛巾擦干，并用梳子将全身被毛梳理一遍，然后把猫咪放在温暖的地方。如果室内温度较低，要用干毛巾披在猫咪身上，以防感冒。也可以用吹风机吹干，但要注意控制温度，待被毛完全干后，再精心地将被毛梳理好。

6. 给猫咪洗澡时应注意些什么

给猫咪洗澡时应注意的几个问题：

第一，6月龄以内的小猫咪很容易生病，一般不要洗澡，猫咪的精神状况不佳时也不要洗澡，以免洗澡后因感冒而加重病情；

第二，对长毛猫咪，洗澡前要先梳理几遍被毛，以清除脱落的被毛，防止洗澡时造成缠结，以致要花费更多的时间进行整理；

第三，洗澡时要尽量防止水进入耳朵内，一旦发现有水进入耳朵时，就应用脱脂棉球擦干，为避免眼睛受刺激，可用眼药膏挤入眼内少许，具有预防和保护眼睛的作用。

猫咪的洗澡次数不宜太多，一般以每月2~3次为宜。猫咪皮肤和被毛的弹性、光泽都由皮肤分泌的皮脂来维持，如果洗澡次数太多，皮脂大量丧失，则被毛就会变得粗糙、脆而无光泽、易断裂，皮肤弹性降低，甚至会诱发皮肤干裂，影响猫咪的美观。

7. 为什么要给猫咪梳理被毛

猫咪每天都要花费一定的时间来梳理自身的被毛（用舌舔毛），使其被毛整洁漂亮。有的部位猫咪自己舔不到，如肩部和背部，尤其是长毛猫咪，只依靠猫咪自身的梳理是远远不够的，猫咪主人需要经常帮它梳理被毛。梳理被毛，这样不但可以增进人与猫咪之间的感情，而且有利于猫咪的健康。平时猫咪身上总会有少量的被毛脱落，尤其在换毛季节，脱毛更多。猫咪在舔梳被毛时，或多或少地会将这些脱落的毛吞进胃内，而引起毛球病，造成猫咪的消化不良，影响猫咪的生长发育。

经常给猫咪梳理，就可以把脱落的毛及时清除掉，防止毛球病发生。梳理被毛，还能促进皮肤的血液循环，起到保健作用。

8. 怎样给猫咪梳理被毛

给猫咪梳理被毛要从小开始，并定期进行，以使猫咪养成习惯。一般短毛猫咪用密齿梳子每月梳理4～5次就行，长毛猫咪要用疏齿梳子每天梳理一次。梳理时要顺着毛梳，切不可逆毛梳，逆毛梳容易将毛折断，猫咪也不

舒服。如梳脸颊时，要朝前方梳，而额头到头顶要朝右梳，下颚的毛要朝脖子的方向梳，腿部的毛要从上往下呈圆形来梳。梳毛的动作要轻，不可用力划着皮肤。

梳理完以后，往猫咪身上撒点爽身粉。方法是用手逆着毛的方向抚摸，使毛蓬起直立，从头到臀部依次撒，脸部可以不撒，以免撒到眼睛、

鼻子和嘴里。撒完以后，再用梳子顺着毛的方向梳一遍。最后用毛刷或绒布将猫咪全身擦拭一下，以除掉被毛表面残留的毛。经过梳理以后，被毛将变得既光亮又蓬松，尤其是长毛猫咪，会显得更加漂亮。

9. 梳理被毛时应注意什么

第一，长期不梳理的猫咪，有时被毛会出现大小不等的缠结，小的缠结可用手指尖理开，再用梳子从毛根的间隙向毛尖的方向梳，不能硬性用力梳，这样不但会引起猫咪的疼痛，还有可能将毛拔掉。如果已严重粘结擀毡了，可用剪刀顺毛干的方向，将毡片剪成细条，再用梳子将脱落的被毛清除。如果还不行，可将擀毡部分剪掉。不必担心会影响美观，新毛很快就会长出。

第二，在脱毛季节，不能只顺毛梳，也要逆毛梳理，或用密齿梳子，以清除脱落的被毛，促进新毛生长。

第三，梳理的动作要快，每次梳理 3～5 分钟，时间长了猫咪会感到厌烦而不予配合。

10. 怎样护理猫咪的眼睛

健康猫咪的眼睛应炯炯有神，眼球清澈明亮，眼角及眼睑周围均较干净，没有分泌物。猫咪生病，尤其是有眼病时，会出现羞明流泪，眼睑红肿，分泌物增多等症状，这时对眼睛要精心护理。有的品种如波斯猫，鼻子较短，鼻泪管容易堵塞而致流泪，眼角内常附有分泌物，平时就应经常地清洗眼睛。

洗眼时，一只手轻轻握住猫咪的颈部，另一只手拿棉球蘸取2%硼酸水溶液，轻轻洗掉分泌物。如没有棉球和硼酸，也可用棉纱布蘸取温水（水温应接近猫咪体温）擦洗。擦洗时不能用棉球在眼睛上来回涂抹，要从内向外擦，彻底擦干净为止。擦完后，向猫咪眼睛内滴入几滴氯霉素眼药水，或挤入适量的红霉素眼药膏。这样对保护眼睛、消除眼睛的炎症都有好处。

11. 为什么给猫咪刷牙

野猫咪在咬断猎物的皮和软骨时，会清洗和擦亮牙齿，但让家养猫咪啃骨头却不能获得同样效果。因此，猫咪的牙齿周围容易积存牙垢。起初牙垢是软的，时间长了就会变硬，其中含钙量很高，这钙主要来自食物中牛奶和谷类。

齿龈上积聚牙垢后，就会发展成牙龈炎、牙结石、牙根炎。当细菌进入齿槽后，就会逐渐繁殖、蔓延到整个齿槽，产生牙周疾病。结果是牙齿松动了，牙神经坏死了，牙齿脱落下来了。

为了预防牙垢淀积，猫咪牙齿必须保持清洁，勤刷牙就是最好的办法。成年猫咪非常讨厌有人试图把手指伸进嘴里为它清除牙垢，所以小猫咪断奶后就应养成刷牙的习惯。

重点提示

　　给猫咪刷牙最好是两人合作进行，助手的一只手控制住猫咪，一只手的食指和拇指按住猫咪的上唇。刷牙者用左手食指将猫咪的下唇往下压，右手用儿童牙刷或猫咪牙刷挤上宠物专用的牙膏，或用牙刷蘸盐水，一一刷洗猫咪口中的上下牙齿。

12. 怎样护理猫咪的耳朵

　　健康猫咪的耳朵里，常有耳垢，要经常清除。清理耳朵，最好由两个人完成。一个人保定好猫咪头部，另一个人一手抓住猫咪耳朵，先用酒精棉球消毒外耳道，注意酒精棉不能太湿，以免酒精滴入耳内。然后用滴耳油或2%硼酸水溶液浸润干涸的耳垢，待其软化后，用小镊子轻轻取出，镊子不能插得太深，以免刺伤鼓膜，也不要刺破外耳道的粘膜，以防感染化脓。

13. 怎样让猫咪磨爪

　　在动物分类学上猫咪和老虎、狮子、狼、豹都同属于食肉目。食肉目动物脚趾上都生有坚硬锐利的爪，猫咪也生有十分锐利的爪，它是猫咪用来捕捉食物和攀墙爬树的重要工具，更是防守和进攻的得力武器。

　　猫爪就是猫咪的趾甲，它像人的指甲一样会日夜生长，而且比人的指甲长得快，特别是室内饲养的猫咪，爪子长得就更快了。这由于

猫爪在室内没有什么机会去抓坚硬的东西，爪不磨短，于是越长越长，对生活不利。

猫咪既要使爪处于锐利的状态，又要防止爪生长得过长，影响行走，刺伤脚趾上的肉垫，因此，它们都有磨爪的习性，每天都要磨爪，睡醒后也会立即磨爪。

人们在室外可经常看到猫咪用爪在扒树干，在室内则会看到猫咪在用爪抓沙发、木器、家具，这是猫咪在磨爪。既不是猫咪在做什么游戏，更不是猫咪在有意搞破坏。磨爪是猫咪生活、生理上的根本需要。猫咪磨爪是为了去掉旧趾爪，让新趾爪锋利。同时，猫咪磨爪还有一个目的，那就是通过爪印和前爪发出来的气味来显示自己的威力。爪印的范围越大，它的势力范围就越大，这是猫咪从祖先那里遗留下来的习性。

家庭养猫者，应为猫咪磨爪创造条件，可为猫咪设计木块或木棒，从小就训练猫在上面磨爪。这样，猫咪就不至于去抓沙发和其他家具了。

14. 怎样给猫咪修爪

给猫咪修爪的目的是防止猫咪用爪抓坏家具、地板、地毯，损坏衣服，乘人不备时抓伤人等。我们应每月给猫咪修爪一次，从小猫咪起就要开始。

修爪的方法是：先把猫咪抱在怀里，左手抓住猫咪的一只脚固定好，用大拇指、食指和中指同时稍稍按压，就可使猫咪爪伸出来。猫爪分为透明的和混浊的两部分。再用右手持指甲刀，将脚爪前端透明的角质部分剪掉，还要用指甲刀上的小挫将剪过的爪磨得光滑才好。修好一只脚爪，再继续修其他三只脚爪。

修猫脚爪时，一定要适度，不要修得太深，一般修去1~2毫米即可。如果修爪太深，修到混浊的部分，会伤及血管和神经，引起出血和疼痛。

修好猫爪后，如发现猫咪走路异常，这有可能是伤了猫趾，必须仔细检查，寻找受伤地方，及时止血，并涂上碘酊，注意观察，以防化脓。

 15.　怎样去除猫咪身上的跳蚤

跳蚤是细小、无翅、两侧扁平的吸血性体外寄生虫。跳蚤以血液为食，在吸血时可引起猫咪的过敏及强烈的剧痒和不安。最常见的蚤是猫栉首蚤。栉首蚤的个体大小变化较大，雌蚤长，有时可超过2.5毫米，雄蚤则不足1毫米。

跳蚤在猫咪身上叮咬皮肤，吸血分泌唾液刺激猫咪，引起过敏性强烈瘙痒及不安，所以猫咪经常啃咬搔抓，可见皮肤上有点状红斑或慢性皮炎。大量寄生时，可见猫咪贫血、消瘦。皮毛检查时，可见毛根部有跳蚤爬动。

治疗跳蚤感染可使用灭跳蚤的涂抹剂、药片、喷剂或滴剂，既方便效果又好，副作用极小，已经成为国内外动物医生临床上首选的驱

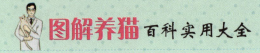

跳蚤的药物。

佩戴猫咪项圈（主要成分是增效除虫菊酯、拟降虫菊酯、氨基甲酸酯、有机磷酸酯或者阿尔多息中的一种），这种方法简单牢靠，药效可持续 3 ~ 4 个月。但幼猫咪不能使用。

用洗发剂洗猫咪被毛，可将跳蚤洗掉或杀死跳蚤，但无持续效果，单独用洗发剂不能控制跳蚤的感染。用药粉（如百虫灵等）逆手撒入被毛内，再顺毛将毛理顺。注意如果量大容易引起猫咪中毒。药浴也是有效并可持续 1 周的方法，被许多养猫者采用。内服有效的杀跳蚤的药剂也可以杀死跳蚤。预防跳蚤的有效方法也可以采用涂抹剂、喷剂、药片或者滴剂，或使用猫咪的项圈。对猫咪要定期驱虫，对猫咪生活的环境要定期喷洒杀虫剂。用含杀虫成分的洗香波洗澡也是预防跳蚤的好方法。当发现跳蚤感染时，同时使用杀绦虫的药物是必要的。

16. 怎样防止猫咪春季掉毛

春季气温逐渐升高，猫咪开始大面积脱落内层绒毛，猫咪舔毛时会吞下大量绒毛而在胃里形成毛球，影响消化吸收。空气中飘浮的绒毛会钻进猫咪的鼻孔，侵害它的呼吸系统。如果发现猫咪常常打喷嚏、流鼻涕，就要立即动手为它梳理被毛。防止猫咪掉毛的方法如下。

①使用宠物专用浴液给猫咪洗澡，可防止猫咪因皮肤病而掉毛。猫咪的脱毛现象不仅仅是天气变热或变冷时才发生，经常给长毛猫咪洗澡可防止它大量地脱毛。

②每天用专用毛刷给猫咪梳理被毛，使自然脱落的毛发集中在刷子上一次性处理掉，这样脱落的毛发就不会满屋子散落。梳理一只猫咪大概 3 ~ 5 分钟，直到梳不到大量绒毛为止。差不多 1 周左右，猫咪就可度过脱毛期。

③经常带猫咪晒太阳和适当运动，使它身体健康，健康的猫咪是很少掉毛的。

④注意猫咪的饮食，不要给它吃太咸的食物，盐分太高是掉毛的重要因素之一。

⑤不要让猫咪经常处于兴奋、紧张或恐惧的情绪中，可减少掉毛。

17. 肥胖对猫咪有哪些危害

肥胖是猫咪易发生的一种脂肪过多、营养过剩的病症表现。目前这种病症的发生率在不断增高，如不加以控制，几年之后就很有可能成为威胁猫咪健康的头号杀手。

按照国际标准，猫咪一般超过正常体重10~15%以上即被视为肥胖。其表现为：皮下脂肪层增厚，尤其是腹下和躯体两侧，体态丰满、浑圆，走路摇摆，反应迟钝，不愿活动。

由于品种、年龄、性别和营养及管理条件的差异，对所养猫咪是

重点提示

肥胖可对猫咪造成诸多危害，如食欲亢进或减退，不耐热，易疲劳，灵活性降低，迟钝或贪睡，和主人失去亲和力。肥胖的猫咪还极易罹患心脏病、糖尿病、关节炎、椎间盘突出症、骨折和呼吸、泌尿及内分泌系统的其他疾患。

否超重，我们往往不容易识别。为了及时发现症状，专家们总结出一些简单而直观的判断方法：可以用手触摸猫咪的肋骨，如果没有分明的层次感，或根本就摸不到，便是肥胖的明显表现，也可以站在猫咪的身后，双手拇指按在它的背部脊柱中线上面，其他手指放在肋骨上，双手前后滑动。若在肋骨的边缘摸出脂肪层，沟部有明显的脂肪堆积，

说明猫咪已经患上了肥胖症。

18. 猫咪肥胖的原因有哪些

猫咪肥胖的原因多种多样，一般包括以下方面。

①肥胖与品种、年龄和性别有关。一般来说，10年以上的老年猫咪肥胖的几率在60%左右，且母猫咪多于公猫咪。短毛猫咪是容易肥胖的品种。

②遗传因素。父母肥胖的猫咪，它们的子女往往也易肥胖。

③公猫咪去势、母猫咪切除卵巢和某些疾病，如糖尿病、甲状腺功能减退、肾上腺皮质功能亢进、垂体瘤、下丘脑损伤等，也可能引起猫咪食欲亢进和嗜睡，导致体重逐渐增加而肥胖。

④生活方式引起的肥胖，这也是造成猫咪肥胖的主要原因。如在食欲方面，对猫咪过于溺爱，给予热量极高的食物，如奶油蛋糕和过于精细的食物，且在时间和食量上无节制；每天的活动量很少，未养成良好的运动习惯，使猫咪长期处于贪吃贪睡、嗜暖、怕冷状态。

19. 如何检查猫咪是否肥胖

（1）家中猫咪的年龄

A. 6岁以上。B. 9个月至6岁。C. 9个月以下。

（2）猫咪的体重

A. 6～9千克。B. 3～6千克。C. 3千克或以下。

（3）猫咪的性别

A. 已绝育。B. 雄性。C. 雌性。

（4）猫咪的饮食习惯

A.暴饮暴食，无肉不欢。B.食量有节制，每天定时吃 2 ~ 3 餐。C.时常挑选食物，有偏食的习惯。

（5）猫咪平时的运动量

A.一天到晚趴在地上或猫咪屋内，只在吃饭、排便时才肯动一动。B.经常跳上跳下，顽皮非常。C.运动量不太多。

（6）猫咪的体形

A. 有一个大肚腩，全身也充满肥肉。B. 肌肉结实，体形优美。

C.骨瘦如柴，弱不禁风。

（7）猫咪睡觉情况

A. 发出像人一样的鼻声。B. 安安静静地，呼吸正常。C. 偶尔会发出喘气声。

计分方法及评分标准

选 A 得 3 分，选 B 得 2 分，选 C 得 1 分。将分数加起来便是总分：

①总分 7 ~ 13 分。猫咪可能过分消瘦，体重不足，或需要多一些食物及运动以确保拥有健康的体态。

②总分 14 ~ 18 分。保持现状是主人最应该为猫咪做的。虽然猫咪现在的体态达到了健康指标，若不经常留意猫咪的身体状况，还会前功尽弃。

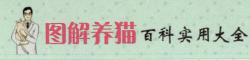

③总分 19 ~ 21 分。别以为把猫咪养得肥肥嫩嫩便是爱，猫咪属于肥胖的一类，若不赶快为猫咪减肥，一定会影响它的健康。

 ## 20. 怎样给猫咪减肥

给猫咪减肥要采取综合性的措施，方能达到减肥与保健的双重目的。

控制食量： 减少猫咪的食量，逐步减少喂食次数和分量，让猫咪形成饥饿感。

选择低脂食物： 避免高脂、高糖、高盐的食物，选择低脂肪、高蛋白、高纤维的食物。

增加蔬果： 在猫咪的饮食中增加蔬菜和水果，提供丰富的维生素和纤维素。

**重点提示**

不要让猫咪过度减肥，以免影响健康。不要给猫咪使用减肥药，以免对猫咪的健康造成影响。给猫咪减肥需要时间和耐心，不要急于求成。通过调整饮食、增加运动量和定期检查等方法，可以帮助猫咪恢复健康的体重和体态。

增加运动： 每天定时带猫咪进行散步、跑步或玩耍，增加猫咪的运动量。使用猫咪喜欢的玩具，与猫咪进行互动游戏，让猫咪在玩耍中增加运动量。

引诱猫咪玩耍： 引诱猫咪玩耍，让猫咪在玩耍中消耗多余的能量。

定期检查： 每周称一次猫咪的体重，观察减肥效果。定期带猫咪去兽医处进行体检，检查猫咪的健康状况。

调整饮食和运动计划： 根据猫咪的体重和健康状况，及时调整饮食和运动计划。

第四章

猫咪的训练与参展

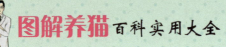

第一节 猫咪的训练

 1. 猫咪调教的生理基础是什么

　　猫咪天资聪颖，生性好动，喜欢玩耍，好奇心强，对虫子、线团、绳子、纸团、风吹动的树叶等都有浓厚的兴趣，常常对这些东西摆弄和玩耍一番。平时，猫咪在主人的逗引下，也可本能地做出转圈、四肢朝天、直立等各种有趣的动作。但是，要训练猫咪做一些较复杂的动作则难度要比犬大得多。这是因为猫咪有很强的独立性，具有异常顽强、不愿受人摆布的性格。猫咪喜欢的事情，主人不让它做也不行，而它不喜欢的事情，强迫它做它也往往不做。

另外，猫咪天生警觉，对强光和多人围观易产生恐惧，故较难在大庭广众之下进行表演。

　　猫咪所有行为的完成，都是以神经反射为其生理基础的。猫咪体内有各种敏锐的感受器，如视觉、听觉、嗅觉以及皮肤内各种温度、疼痛、触觉感受器。它们均可分别感觉不同的刺激，并把这些刺激转变为神经兴奋过程。当兴奋沿着神经到达大脑，大脑立即做出反应，并通过传出神经向效应器（肌肉、腺体等）传达指令，使效应器做出相应的动作。

动物的反射可以分为非条件反射和条件反射。非条件反射是生来就有的先天性反射，是动物维持生命最基本和最重要的反射活动。如猫咪生下来就会吃奶、能呼吸等。能引起非条件反射的刺激为非条件刺激，如食物、触摸、拍打等。条件反射是动物出生后，在生活过程中为适应生活环境而逐渐形成的神经反射活动，是后天获得的。这种反射是保证动物机体和周围环境保持高度平衡的高级神经活动，是在饲养管理过程中形成的习惯和通过训练而培养起来的各种能力，属于个体特有的反射活动。

猫咪的非条件反射是条件反射的基础。施加有效的刺激手段，可使猫咪形成人们所需要的能力。因此，调教猫咪利用的就是猫咪的条件反射。在训练猫咪时，主人发出的口令、手势，猫咪并不理解它的真正含义，而是通过训练使其养成了一种习惯，即当猫咪听到某一口令，看到某一手势，就会做出相应的动作。

 2. 调教猫咪的基本方法有哪些

对猫咪进行训练常用的方法包括：口令、手势、机械性刺激和食物刺激等方法。在训练中对猫咪通过使用不同的刺激产生不同的反射。

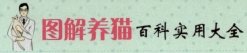

（1）口令

口令是训练猫咪最常用的一种刺激，常与手势等非条件刺激配合使用。猫有敏锐的听觉，而且区分语调的能力很强，很容易记住口令而形成条件反射。各种口令的音调要有区别，而且每一种口令的音调要前后一致。一般对猫咪采用中等的音调和语气比较合适。对猫咪进行夸奖时的音调要柔和，而用严厉的音调则表示主人的不满意，常用做制止猫咪不应该犯的错误。这样持之以恒，猫咪自然会适应主人所发出的口令，并建立相应的条件反射。

（2）手势

手势是主人在训练和调教猫咪用手做出一定的姿势和形态来指挥猫咪的一种刺激。训练的手势要固定、统一，而且各种手势要独立、易记，让猫咪能看出哪些事情该做哪些不该做。如手心向上往上抬手，表示"跳"的动作，手心朝下把手往下压，表示"坐下"，手左右摆动表示"不"等。训练时只能由一个人进行，不要全家人一起训练，否则每个人手势动作不统一，"各拉各的琴，各唱各的调"，倒把猫咪弄糊涂了，不知听谁的好，达不到训练、调教的目的。手势指令是建立在非条件刺激和猫咪对口令形成反射基础上的。

（3）机械刺激

机械刺激是主人在训练调教猫咪时对猫咪身体所施加的机械作用，包括拍打、抚摸、按压等。其中抚摸是作为奖励手段使用的，其他均属强制手段。机械刺激能帮助猫咪对口令和手势指令所形成的条件反射加强记忆，并能固定姿势、纠正错误。这种刺激的缺点是容易引起猫咪的精神紧张，对训练产生抑制作用。因此，在对猫咪的训练中既要防止使用超强刺激，又要防止过轻或不敢使用刺激。超强刺激容易使猫咪害怕主人或逃离训练现场，如果刺激太轻又会妨碍条件反射的形成和巩固。对猫咪一般采用中等强度刺激为宜。

（4）食物刺激

食物刺激作为一种奖励手段使用效果比较好，但是所用的食物必须是猫咪平常爱吃的，只有当猫咪对食物感兴趣，才会收到良好的效果。每次所用的食物不要太多，以猫咪能够轻松地一口吞下为宜。在训练的开始阶段，当猫咪每完成一次动作，就给予一次奖赏，以后可逐渐减少，直到不给。

在实际训练调教中，将两种刺激结合起来使用，效果会更好。用机械刺激来迫使猫咪做出一定的动作，而用食物对其进行奖励，以强化猫咪的正确动作。

3. 训练猫咪的方法有哪些

（1）强迫

强迫是指使用机械刺激和威胁性的命令使猫咪准确地做出相应动作。如训练猫咪做躺下的动作，训练者在发出"躺下"口令的同时，用手将猫咪按倒，迫使猫咪躺下，这样重复若干次后，猫咪很快就能形成躺下的条件反射。对猫咪使用这种方式时，要控制好刺激的强度，因为猫咪常有自以为是的感觉，吃软不吃硬。

（2）诱导

诱导是指用食品、物品或以训练者的行动诱使猫咪做出某种动作。训练幼猫咪更宜使用诱导训练法。

（3）奖励

奖励是为了强化猫咪的正确动作，巩固已形成的条件反射或调节猫咪的神经活动状态。奖励的方法包括食物、夸奖和抚摸等。奖励和强迫必须结合才有效，每次强迫猫咪做出正确动作后，要立即给予奖励。奖励的程度要随着训练的难度逐渐升级。要注意避免的是，奖励太频繁或条件太低，容易养成幼猫咪对轻微奖励不以为然的习惯。

（4）惩罚

一旦发现猫咪有某种坏习惯时，就应及时采用惩罚手段，包括呵斥、威吓、敲打等。

 ## 4. 怎样让猫咪不钻被窝

猫咪有上床钻进养猫者被窝睡觉的习惯，有些养猫者也喜欢和猫咪同床共睡一条被窝，这是一个很不好的习惯，对人和猫咪都有害，须尽快改掉。

人和猫咪共患的疾病有40多种，人的许多疾病，如流行性出血热、血吸虫病、旋毛虫病等，都可由猫咪传播。人类有些疾病也可传染给猫咪，尤其是猫咪可将弓形体病传播给人，如孕妇感染此病后，常常会发生流产、早产、死胎和畸胎等，严重危害母婴健康。此外，猫咪的体外寄生虫病，如蚤和虱，或皮肤真菌病，也都很容易传染给人，因此，训练猫咪不钻被窝是大有必要的。

怎样训练猫咪不钻被窝呢？

首先，应该从幼猫就开始训练，养成猫咪在自己窝里睡觉的习惯。训练前，为猫咪准备一个温暖、舒适的猫窝。冬季天气寒冷时，在猫窝里铺上草或被絮，也可以在猫窝里放一只热水袋。如果采取了这些措施后，猫咪还是不愿意在猫窝里睡觉，就要采取强制性的措施了，可以在猫窝上加一个透气的盖子，使猫咪不能自由地往外跑。经过几次这样训练后，猫咪就不会往外跑了，安心甜美地睡在自己的窝里，当然也就不会钻被窝了。

如果成年猫咪已经养成上床钻被窝的坏习惯，当它钻被窝时，就把它拉出来，用手拍打它的臀部，并且愤怒地大声训斥它，将猫咪赶下床。一般说来，猫咪对主人的情绪变化十分敏感，并且善于察言观色，只要自己露出不悦之色，表示气愤，猫咪就会立即下床。这样三番五次地调教，猫咪就会改变上床钻被窝睡觉的习惯了。

重点提示

猫咪的训练应在 2～3 月龄时开始，这时猫咪容易接受训练，并为今后的调教打下基础。如果是成年猫咪，训练起来就比较困难。训练猫咪的最佳时间是在喂食前，因为饥饿的猫咪愿意与人接近，比较听话，食物对猫咪的诱惑力使训练容易成功。

5. 怎样让猫咪不抓挠家具

猫咪需要磨爪，因此要给它准备专门抓挠的地方。抓挠的目的是将爪外缘已经老化的一层磨掉，而且猫咪也会通过抓挠来彰显自己的本领。抓挠也是猫咪伸展身体的一种方式。只要猫咪够得着的地方，它都会伸直身体将背弓起，然后进行抓挠。抓挠不仅是猫咪的爱好，同样也是猫咪的一种自然习性，一种享受。

为了防止猫咪抓挠的时候损坏家具和饰品，应给猫咪准备一个或两个抓板或猫咪树。通常用毯子或绳子缠绕即可，最好采用不同质地的材料来做。抓板或猫咪树的高度应足够高，以保证猫咪站立时高出头部的前爪能够得着。如果太矮，猫咪会放弃使用，转而选择更高的家具来抓挠。另外，可在猫咪树上喷洒猫咪薄荷吸引猫咪。别忘了，猫咪通常是通过抓挠来显示自己的本领，所以应把抓板放在显要的位置。如果猫咪已经把家具作为它的抓挠工具，必须设法打消它的这种念头。

在猫咪抓挠的家具上覆盖一层猫咪不喜欢的东西，比如用一块外面带结的塑料垫或铝箔就可以达到目的了，一条充满醋味的毛巾效果也不错，双面胶也可以。当然，用喷壶或是小孩玩的水枪也可以吓唬它，当发现它在抓挠家具时，向它的屁股喷一下，一旦它逃跑，就不应该再对它横眉冷对，它就会明白冒险去某些地方就会被喷一身水。

如果猫咪铁了心要用家具作为它的抓挠工具，而又无法阻止，可以尝试用趾甲套。可将趾甲套粘贴在猫咪的前爪上，就可以防止它在抓挠的时候损坏家具了。

有人采用外科手术断爪的方法来阻止猫咪抓挠家具。有的手术是将趾甲包括最后一个趾骨去掉。有的还将支配猫咪伸趾甲的腱断掉，这样猫咪是非常痛的，而且永远夺去了猫咪自卫以及通过抓挠来表达欢喜的能力。

6. 怎样让猫咪在马桶上大小便

猫咪虽然很爱清洁，也很容易通过训练在便盆内便溺。但是便盆须经常清洗，垫料也需要经常更换。因猫咪粪便发出的气味特别难闻，如在城市中养猫咪，训练猫咪在抽水马桶上大、小便可获得一举数得的效果。

未训练前，在抽水马桶座圈下面放块塑料板或木板，并在板上铺上适量砂土、炉灰、锯末等垫料。当发现猫咪绕来绕去，焦急不安要排便时，将它带到抽水马桶上，不久它就会排便。待猫咪养成习惯，能够自己在塑料板上大、小便后，逐渐减少垫料的量，猫咪慢慢地就会养成站在马桶座上大、小便的习惯。

7. 怎样改掉猫咪夜游习性

猫咪有昼伏夜出的习性，它们白天活动较少，总是懒洋洋地在家睡觉，一到夜间却非常活跃。不论是温和的猫咪、未去势还是去势的

猫咪，都具有这种习性，甚至有时数日不回家。如果任其夜间到处去游荡，在捕鼠、交配和其他公猫为争夺配偶的相互厮打过程中，有可能受到伤害或者把身体弄得很脏，不但不利于猫咪的自身健康，回到家来也会把室内弄脏，影响室内卫生。

这样的猫咪野性往往很强，不好饲养管理。如果是带回传染病，还可能殃及主人的健康。因此，对家庭养的伴侣猫咪，不能任其夜游。纠正猫咪的这种夜游性就必须从小猫咪开始。开始养猫咪时，要用笼子驯养，白天放出来，让它在室内活动，绝不能让它到户外，晚上再将它提回到笼子里。时间久了，就会养成习惯，即使去掉笼子，夜间也不会出去活动。

 ## 8. 怎样让猫咪不吃死老鼠

死鼠通常是被毒饵毒死的，猫咪吃了这种被毒死的老鼠后会造成继发性中毒。死鼠也可能腐败变质或者染有病菌，致使猫咪吃后染病。据统计，每年都有相当数量的猫咪，因为吃了死鼠而中毒死亡。为了防止猫咪吃死鼠造成中毒，很重要的一点就是不要让猫咪外出乱跑，使它没有机会接触到死鼠。

如果看到猫咪外出叼回死鼠，应当立刻夺下，它若想吃，就用小木棍轻打它的嘴巴，不准它吃。隔几小时后，再把死鼠放到它的嘴边，如果它还想吃，再打它的嘴巴，同时用严厉的口气斥责它不准吃，这样经过几次训斥以后，猫咪看到死鼠后就会引起被责打的条件反射而不敢吃死鼠了。过段时间再用死鼠对它训练，看它是否吃，如不吃，说明训练成功，如还想吃，再用同样方法惩罚，直至不吃为止。

9. 怎样让猫咪不上桌子

猫咪身手矫健，善于爬高，在家中没有它上不去的地方，这是猫咪的习性。但为了让猫咪养成与主人相处的良好习惯，同时也为了自己的健康，应该训练它不上桌子，不上床。因为猫咪在桌子上跳上跳下，尤其是在饭桌上或是在工艺品陈列柜上或是电视机上，这样既不卫生又容易损坏器皿、电器，一旦猫咪碰坏了贵重纪念品或是工艺品，或破坏了重要的书稿及材料时，势必引起主人的不满，猫咪也会受到责打，自然会影响猫咪和主人之间建立起来的感情。所以，应当调教猫咪不上桌子。当猫咪爬上桌子时，主人一边轻轻敲打它的头部，一边用严厉的语调对它

说"不可以上"，若猫咪不理时，则敲打的更重些，口气也要更重些，让猫咪形成不上桌子的条件反射。如果猫咪听话，从桌子上下来，主人要及时给以抚摸它的头或身体，并给以"真乖"的言语奖励。这样经过多次反复训练后，只要它一上桌子，只要说"不可以"猫咪就会从桌子上下来，逐渐改掉上桌子的习惯。

重点提示

　　猫咪的性格倔强，自尊心很强，不愿听人摆布。所以，在训练时，要将各种刺激手段有机地结合起来使用，态度要和气，像是与猫咪一起玩耍一样。即使猫咪做错了，也不要过多地训斥或惩罚，以免猫咪对训练产生厌恶，而影响整个训练计划的完成。

10. 怎样纠正猫咪的异食行为

　　异食行为属于一种非正常的摄食行为，主要表现为摄取正常食物以外的物质，如舔吮、咀嚼毛袜、毛线衫等绒毛性衣物，或主人不在场时偷食室内盆栽植物等，积恶成性。纠正异食行为可用惊吓惩罚或使其产生厌恶条件反射的方法，如可用捕鼠器、喷水枪等恐吓。将捕鼠器倒置（以防夹着猫咪）在绒线衣物或植物旁，当猫咪接近时，触及捕鼠器，由于弹簧的作用，捕鼠器弹起来发出噼啪声，能将猫咪吓跑。或手握水枪站在隐蔽处，见猫咪有异常摄食行为时，立即向其喷水，猫咪受到突然袭击后会马上逃走。这样经过若干次以后，猫咪便能去掉异食行为。另外，也可用一些猫咪比较敏感的有气味的液体如除臭剂、来苏儿等涂在衣物或植物上，猫咪接近这些物品时，由于厌恶这种气味而逃走，即可纠正其异食行为。

11. 怎样进行"来"的训练

在进行"来"的训练之前，要让猫咪熟悉自己的名字。训练这个课题可用食物诱导法。先把食物放在固定的地点，嘴里呼唤猫咪的名字和不断发出"来"的口令。如果猫咪不感兴趣，没有反应，就要把食物拿给猫咪看，引起猫咪的注意，然后再把食物放到固定的地点，下达"来"的口令，猫咪若顺从地走过来，就让它吃食，轻轻地抚摸猫咪的头、背，以资鼓励。当猫咪对"来"的口令形成比较固定的条件反射时，即可开始训练对手势的条件反射。开始时，口里喊"来"的口令，同时向猫咪招手，以后逐渐只招手，不喊口令，当猫咪能根据手势完成"来"的动作时，要给予奖励。

12. 怎样进行打滚训练

打滚对猫咪来说很容易，小猫咪之间互相嬉戏玩耍时，常出现打滚的动作，但要听从主人命令来完成打滚的动作，则必须经过训练。训练猫咪打滚很简单，让猫咪站在地板上，训练者在发出"滚"的命令的同时，轻轻将猫咪按倒并使其打滚，如此反复多次，在人的诱导下，猫咪便可自行打滚，这时应立即奖给猫咪1块美味可口的食物，并给予爱抚。以后每完成1次动作就给予1次奖励，随着动作熟练程度的不断加深，要逐渐减少奖励的次数，如打2个滚给1次，直到最后取消食物奖励。形成条件反射后，猫咪一听到"滚"的命令，就会立即出现打滚的动作。当猫咪学会了一种动作以后，隔一段时间应再给予一些食物奖励，以避免这种条件反射的消退。

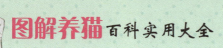

13. 怎样进行衔物训练

猫咪经过训练，也能像狗一样，为主人叼回一些小物品。此项训练比较复杂，应分两步进行。

第一步是基本训练。先给猫咪戴项圈，以控制猫咪的行动。训练时，一只手牵住项圈，另一只手拿令其叼衔的物品如小木

棒、绒球等，一边发出"衔"的口令，一边在猫咪的面前晃动所拿物品，然后，强行将物品塞入猫咪的口腔内，当猫咪衔住物品时，立即用"好"的口令和抚摸，予以奖励。接着发出"吐"的口令，当猫咪没有吐出物品时，立即重复发出"吐"的口令，当猫咪没吐出物品后，喂点食物以奖励。经过多次训练后，当人发出"衔"或"吐"的口令，猫咪就会做出相应的衔叼或吐出物品的动作。

第二步是整套动作的训练。训练者将猫咪能衔或吐出的物品在猫咪面前晃动，引起猫咪的注意，将此物品抛至几米远的地方，再以手指向物品，对猫咪发出"衔"的口令，令猫咪前去衔取。如果猫咪不去，则应牵引猫咪前去，并重复"衔"的口令，指向物品。猫咪衔住物品后即发出"来"的口令，猫咪回到训练者身边时，发出"吐"的口令，

猫咪吐出物品后，立即予以食物奖励。如此反复训练，猫咪就能叼回主人抛出去的物品。

对猫咪训练不能操之过急。一次只能训练猫咪一个动作，切不可同时进行几项训练，猫咪很难一下子学会很多动作。如果总是做不好，也会使猫咪丧失信心，引起猫咪的厌烦情绪，给以后的训练带来困难。每次的训练时间不宜过长，不能超过10分钟，但每天可以多训练几次。

14. 怎样进行跳环训练

先将一铁环（或其他环状物体）立着放在地板上，主人站在铁环的一侧，让猫咪站在另一侧，主人和猫咪同时面对铁环。主人不断地发出"跳"的口令，同时向猫咪招手，猫咪偶尔可走过铁环，此时要立即给予食物奖励，但猫咪如果绕过铁环走过来，不但不能给奖励，还要轻声地训斥。在食物的引诱下，猫咪便会在主人发出"跳"的口令之后，走过铁环。每走过1次，就要奖励1次。

如此反复训练后，在没有食物奖励的情况下，猫咪也会在"跳"的口令声中，走过铁环。然后逐渐升高铁环，开始不能太高，慢慢来，切不可操之过急。同样，每跳过1次，都要给食物奖励。如果从铁环下面走过去，就要加以训斥。刚开始，由于铁环升高了，猫咪可能不敢跳。这时，主人要用食物在铁环内引诱猫咪，并不断地发出"跳"的口令。猫咪跳过1次以后，再跳就容易了。最后，在没有食物奖励的情况下，猫咪也能跳过离地面30～60厘米高的铁环。

 第二节 如何参加猫展

 1. 猫展是怎么来的

最早提出举办猫展的是被尊为猫迷之父的英国人哈里森·威尔。1871 年威尔在伦敦水晶宫举办了举世闻名的首次猫展，这也是世界上第一次猫展。在展览会上，参加猫展的共有 170 只猫咪，威尔的一只蓝猫咪在猫展中取胜。由于这次展览的成功导致人们开始组织更多的猫展。到 1894 年，查斯·格拉夫特又成功地组织了一次猫展。从此，各种猫展在英国日渐增多，并且通过欧

洲大陆迅速传到美国以及世界各地。1895 年，美国在麦迪逊广场举办了第一次美国猫展。而后，每年都要举行一次"国际猫展日"，届时全世界最名贵品种的猫咪汇聚在一起，各展英姿，决一雌雄。

随着猫咪数量和养猫者的增加，养猫业的迅速发展。在欧美国家

成立了许多养猫协会，比较有名的有：英国的"猫迷管理委员会"、美国的"养猫者协会"、加拿大的"加拿大猫协会"等。

我国在 1992 年成立了"中国小动物保护协会"，在北京、上海等大城市相继成立了"小动物保护协会"和"养猫爱好者协会"等组织。2018 年，上海也首次举办了猫咪选美比赛，参赛的有上海种、山东种、北京种及"蓝宝眼"与"鸳鸯眼"等多种进口波斯猫。上海的一只叫"啰啰"的 3 岁波斯猫，摘取了"猫王子"的桂冠，200 多名猫迷参加了投票评选。这是我国首次举办这种活动。

2. 举办猫展的目的是什么

猫展是按照一定的规则和程序，在室内举行的不同类型和级别的猫咪与猫咪之间的比赛。近几年来，由于国内养猫热的持续升温，猫咪的品种和数量得到了不断增加，为了展示自己的猫咪和交流经验，一些地区举办了不同形式的猫展。由于这项活动在我国刚刚兴起，加之人们对猫展的知识缺乏了解，以及主办者缺乏经验，致使猫展的参与范围有限。举办猫展的目的有以下几点：

①改良、普及和保护纯种猫咪；

②展示新的品种；

③进行选美大赛，将获得殊荣的猫咪作为典范，作为今后繁殖和改良的主流；

④是养猫爱好者交流信息和感情的重要场合；

⑤猫展是猫迷们销售纯种猫咪的窗口。

3. 哪些猫咪不能参加猫展

任何级别的猫展，对参展猫咪合格与否，在登记注册表中都作了明确说明，而且还写进了猫展的规则中。现在对一些典型的条例作一些介绍。

①禁止在展厅使用任何花粉或喷洒香水。只要猫咪的被毛上留有一点花粉的痕迹，这只猫咪就是不合格猫咪，在猫展中获得的任何奖励都无效。

②禁止染色，以观察到猫咪被毛的真正颜色。

③禁止修饰猫咪身上原有凌乱的白色或者有色毛发。

④当评委抱起猫咪时，该猫咪应温顺而不伤人。如果该猫咪不听使唤，猫咪主人应在笼子上注明可能给人带来的伤害。

⑤对违反猫展规定擅自退场的猫咪，都视为不合格猫咪，在猫展过程中获得的任何奖励都无效。

⑥对参展的大、小猫咪为让其更听使唤，在参展时经查服过药的，则该猫咪为不合格。

⑦去爪猫咪通常是不合格的猫咪，但美国猫迷协会例外。

⑧参展的完全成熟的公猫咪至少必须有一个睾丸（单睾丸症）。隐性睾丸的公猫咪为不合格猫咪（去势公猫咪除外）。

⑨参展猫咪如果参加的不是对应级别的比赛或者是参展的猫咪不是原先登记注册的猫咪，一律视为不合格猫咪。

⑩参展猫咪的每只脚趾数如果比正常（前脚5个，后脚4个）的多，同样为不合格猫咪。

⑪眼盲猫咪通常是不允许参展的。

⑫在猫展中，若有人违反猫展规则，任何人都有权向猫展组委会检举。对此，猫展的组织者应进行调查，对违规者要进行处罚。

4. 参展前要做哪些准备

如果决定参加猫展，在参展之前应当做的准备工作是：

首先是向猫展的主办者索取申请表和日程表，以便了解猫展的截止日期和其他各项注意事务，并根据规定自己决定参加何种级别的猫展，以及是否出售；填写申请表，交给猫展主办者，并交纳一笔参展费；等候猫咪参展席位号码和参展具体安排的通知。

在决定参加猫展之后，参展前2~3个月就得着手准备。请兽医进行全面健康检查。查看是否有皮肤病和跳蚤、耳虱、蛔虫、绦虫等寄生虫和原生虫。在参展前21天对猫咪主要传染病进行疫苗接种，如果猫咪居住地在猫展前21天期间暴发细菌病或传染病，猫咪是不能进入赛场的。

在参展前猫咪如果怀孕或哺乳也不能参展。

应当训练猫咪习惯于在猫笼中生活，防止因受约束而变得暴躁或者带有攻击性，以防伤人。

应当训练猫咪习惯于乘车，防止晕车而影响参展。

体态匀称也是审查的重要一环，要在医生的指导下，均衡猫咪平时的饮食，循序渐进地控制其体重，保持猫咪的匀称体态。

5. 参加猫展时需要准备哪些用品

参加猫展是很累的，为了能够顺利地度过猫展，需要做以下准备工作。

①准备猫咪的食盆和水盆，一般猫展现场也会有猫咪的食盆和水盆，如果还不放心，可以用自己的。

②准备它们比较爱吃的食物和清水，但不要喂的过多，以免造成排泄物过多弄脏猫咪的毛。

③准备它们平时用的垫子，防止它们在路上或猫展现场着凉。（大部分猫展会在冬天，因为这时候猫咪的被毛状态最好）。

④准备好猫咪的参展证和停车证。不要到现场再领，以免与组委会的要求不一致。

⑤准备好当天要用的装猫咪的旅行箱，查看是否有破损的情况。

⑥准备好一条干净的毛巾和两卷卫生纸，及时清理猫咪的分泌物及排泄物。

⑦准备好当天有可能用到的药品，如一些消炎药、纱布、消毒棉等。

6. 展前怎样给猫咪做美容

为了让猫咪在比赛时表现出色，一定要在比赛前给它做美容，如果自己不会可以咨询有关的猫咪组织或猫咪的俱乐部，或宠物美容师都可以。

和我们大家的想法不太一样，所有品种的猫咪都需要美容，其中也包括无毛猫咪。长毛猫咪的美容相对比较复杂。参赛猫咪一般在比赛的当天早上洗澡。洗完后用吹风机将毛彻底吹干。所有的参赛猫咪都要剪指甲。为了使长毛猫的毛显得丰厚，在参赛前可以给猫咪打专业的宠物造型凝胶。为了使小耳朵的猫咪耳朵显得更小，可以将耳尖的饰毛拔掉。而一些短毛猫要求耳朵大的，就可以将耳部的毛向上梳，延长耳部的线条，使耳朵看上去显得大些。

　　根据毛长、毛短和猫咪的品种做好平时的皮毛护理，保证毛色的最佳状态。参展前一天给猫咪剪指甲（按规定办）、清理耳朵、查看眼睛，做最后的全身检查，准备参展。

7. 参展过程有哪些

　　（1）将猫咪放进与其参展标志牌号码一致的猫笼中，猫咪食盘、水碗和便盆也同时放置在内。此刻主人有机会对参展猫咪做最后的关照。首先，检查标志牌是否在猫咪颈上系牢；其次，为猫咪整理被毛，如果是长毛猫咪，可把被毛全部梳理一遍，若是短毛猫咪，则用丝绒布将其擦拭干净。如果猫咪已进过食，须撤去猫食盘，若猫咪便溺，则应迅速更换铺垫物。

　　（2）评判准备。进行评判之前，主人将被要求暂时离开参展猫咪。猫展服务人员对所有参展猫咪进行核验，确认无误后，服务人员按猫咪笼顺序从1号开始依次将猫咪取出放在裁判的桌上，供裁判鉴定。

　　（3）兽医检查。猫展上所有的猫咪将由一位完全合格的兽医在助手的配合下进行检查。兽医要查验参展猫咪的免疫检查证书，并对猫

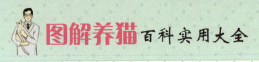

咪做彻底的健康检查。

（4）进行评判。对纯种猫咪，裁判可根据具体品种的评分标准进行鉴定，最高分为100分，与标准不符的要酌情扣分，对家养非纯种猫咪则没有评分标准，通常根据猫咪的状态、梳理、颜色、动人的特点和被人抓取时的表现等进行评判。鉴定完以后，裁判在评分簿上写下评语，并在记分牌上放一张小纸条，如果纸条上标明"CC"，则说明这只猫咪已获得邀请证书。当所有参展猫咪的鉴定全部结束时，每个裁判均从自己评定过的猫咪中提名最佳猫咪、最佳去势猫咪和最佳幼猫咪各一名，然后，几名裁判统一认定最后获奖者，颁发"最佳猫咪"、"最佳去势猫咪"、"最佳幼猫咪"、"表现最佳的猫咪"、"最佳颜色猫咪"、"最漂亮的猫咪"等奖项。获奖猫咪的猫笼上将放有获奖卡，奖品可能是一笔为数不等的奖金和一块奖章。

第五章

猫咪的繁殖与哺乳

第一节　猫咪的繁殖

1. 公猫咪的生殖器官有哪些

公猫咪的生殖器官主要包括：睾丸、输精管和阴茎等。睾丸位于阴囊内，共有两个睾丸，主要功能是产生精子和雄激素。性成熟后的公猫咪在配种期睾丸膨大，富有弹性，能产生大量精子。交配后，精子进入母猫咪生殖道至子宫，并与卵子结合受精，产生新的个体。雄激素的功能是促进生殖器官的发育、成熟，维持正常的生殖活动。没有雄激素的作用，公猫咪生殖器官发育不完善，缺乏生殖活动的欲望，甚至丧失生殖能力。在性情上，生殖器官发育不完善的公猫咪会显得温顺、听话。给猫咪去势就是摘掉睾丸，其目的就是除去雄激素的作用和制止精子的产生，使猫咪变得文静、可爱，便于饲养。输精管是两条细长的管道，将精子输送到阴茎。阴茎是交配器官，通过交配，将精子射入到母猫咪的生殖道内，导致受精和怀孕。猫咪的阴茎是朝后生长的，因此，猫咪的交配方式与其他哺乳动物不一样，很像禽类的交尾。

2. 母猫咪的生殖器官有哪些

母猫咪的生殖器官包括：卵巢、输卵管、子宫和阴道。卵巢位于腹腔内的腰部，左、右各一个。卵巢的功能是产生卵子、雌激素和孕酮。性成熟后的母猫咪，每到发情期，将有一批卵子成熟、排出。雌激素的作用是促进雌性生殖器官的发育和维持生殖活动。如果缺乏雌激素，卵子不能成熟，母猫咪不发情。孕酮是由卵巢内的黄体分泌的，具有保胎作用。黄体只是在怀孕期间存在，排卵后未受精或分娩以后，黄体都将退化消失。输卵管接纳卵巢排出的卵子。

卵子在输卵管内与精子相遇，完成受精过程。受精后的卵子经输卵管到达子宫。子宫是胚胎发育的场所，子宫壁上有丰富的血管和发达的肌肉，血管向胎儿提供营养物质，肌肉在分娩时可发生强力的收缩，有助于胎儿的排出。猫咪是多胎动物，每胎可产 3 ~ 5 仔。阴道是交配器官和胎儿产出的通道。

3. 什么是猫咪的性成熟

公、母猫咪的性成熟一般是在出生后 6 ~ 8 个月，母猫咪会早一些，公猫咪稍晚些。如果这时不给它们去势，它们的性行为可以保持终生。公、母猫咪性成熟时，公猫咪的睾丸能够产生精子，母猫咪的卵巢能排卵，并出现发情现象，如虽然达到了性成熟，但猫咪的身体并没有达到成熟，也就是说猫咪身体的各种器官还没有达到成熟，骨骼、肌肉、内脏等器官都正处在生长发育期。如果这时让猫咪进行交配繁殖，对公、母猫咪本身及其后代的身体健康都不利，将严重影响公、母猫咪的发育，并出现早衰的现象，而且其后代生长发育慢、体小、多病、成活率低，并使本品种的一些优良特性可能出现退化。因此，一定要

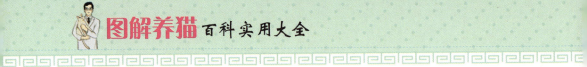
等到猫咪身体成熟时才能配种。公、母猫咪的最佳开始繁殖年龄应在 1 岁左右，此时，公、母猫咪的生长发育基本完成，身体健壮。在一般情况下，短毛品种的公猫咪出生后 1 年，长毛品种的猫咪出生后 1 ~ 1.5 年配种为好，母猫咪应在 10 ~ 12 个月龄时配种，即可在母猫咪第 5 次发情时配种。对有些较名贵的品种，配种的时间应更晚些。在我国华北地区除了夏季"三伏"之外，母猫咪均可发情交配，但是春、秋两季最好。温暖地带的猫咪发情次数会多些。母猫咪的发情周期为

14 ~ 21 天，妊娠期 63 天，哺乳期 60 天。

　　猫咪寿命在 15 年左右，8 岁以上的母猫咪已是老年猫咪了，不再适于繁殖。为了提高种母猫咪的利用年限，应严格进行生育控制，以保证母猫咪的健康及其后代的质量。一般每年产两窝仔为好。

4. 怎样选择种公猫咪

　　家庭养猫咪的选种工作不只是为母猫咪选择一个什么样的种公猫咪做其配偶的问题，因为种公猫咪体质的好坏，将直接关系到下一代仔猫咪的优劣。如果母猫咪是优良品种，最好在本品种内选择种公猫咪，以防品种退化。选择公猫咪要注意"三看"。

看猫咪本身：观察猫咪的外貌和生长发育等情况。要求公猫咪体型外观优美、体型大，外观各部匀称，肌肉发达，腹部紧缩，健康强壮。毛色纯正、密而有光泽，眼大有神，腰背平直，尾巴活动自如，听力、视力良好，嗅觉灵敏，生殖器官发育正常，两侧睾丸发育正常、均匀，繁殖能力强。

看猫咪祖先：以系谱记载进行审查，看其祖先的生长发育和体质外貌。

看猫咪后代的生长发育和体质外貌：如果公猫咪已有后代，看其后代的发育情况和体态状况便可得知公猫咪的遗传性状和繁殖能力的好坏。假如公猫咪尚无后代，是初配，可观察其祖先的体质外貌来判断其遗传性是否稳定。

另外，优良品种的猫咪，要在本品种内选择公猫咪，以防品种退化。如果公、母猫咪具有相同的缺点，则不能进行交配，否则，缺点就会巩固下来。

在配种时，年龄上最好是壮龄配壮龄，或者壮、老结合，不能老龄配老龄。在体型上要注意大小合适，以免引起伤害。

公猫咪在 8 岁以上，就不宜再作种猫咪了。

5. 母猫咪发情有什么表现

母猫咪性成熟后，卵巢内便有卵子开始成熟。母猫咪从第一次卵子成熟时开始到下次卵子成熟称为一个性周期，即发情周期，猫咪一个发情周期平均 22 天。包括发情期和发情间期。每一次发情持续时间为 3 ~ 6 天。

在自然条件下，母猫咪发情时活动增加，性情温顺，喜欢在主人

两腿间磨蹭。爱外出游荡，特别在夜间，更显得焦躁不安，不时发出令人厌烦的粗大的叫声，借以招引公猫咪。见到公猫咪后，异常兴奋，主动靠近公猫咪，发出"嗷嗷"的叫声，并蹲伏下来，高举起尾巴，愿意接触公猫咪，允许公猫咪爬跨。这时母猫咪已达到了充分的性兴奋，此时交配，成功率较高。如果将发情的母猫咪关在房内，一旦发现公猫咪就在附近，它会显得十分粗暴，狂暴地抓挠门窗，急于出去。如果用手抚摸和压低

猫咪背部时，它会安静不动，并出现踏足举尾的动作。有的母猫咪发情时特别敏感，眼睛明亮，不吃食物，到处乱逛。

　　发情的母猫咪生殖器官也出现变化，如果仔细观察它的阴部，可见外阴部的阴毛明显分开倒向两侧，阴门红肿、湿润，有时外翻，阴门内有黏液流出。

6. 猫咪交配期间如何管理

　　母猫咪在发情期间，因性欲冲动，精神处于兴奋状态，食欲大大降低。这时在饲喂上要求提供高质量的饲料，并多给饮水。如果无意让猫咪怀孕产仔，则要将猫咪关好，不能任其到处乱窜。有的养猫者

以为周围邻居没有养公猫咪，让母猫咪出去也无法交配。这是一种错误观念，因为动物之间的性吸引和性联络本领相当强。在农村，如果一个村子里有发情母猫咪，而邻近村子里的公猫咪会不远几公里"闻讯"而来。名贵品种的母猫咪更应严加管束，防止与品种不佳的公猫咪交配，引起品种退化。

公猫咪在配种期间，要消耗大量的体力，加之食欲不好，采食减少，身体状况迅速下降。为了使公猫咪能保持良好的体况，产生品质优良的精子，并减轻胃肠的负担，要求饲料体积小、质量高、适口性好和易消化。饲料中要含有足够的蛋白质、维生素和无机盐。饲喂次数要比平时增多。从饲养学的角度来看，种公猫咪全年均应具备良好的营养水平，保持健康的体况，任何时期忽视营养，都会带来繁殖能力下降或丧失的不良后果，单靠配种期间的补饲是不够的，还要严格控制交配次数。

重点提示

频繁的交配，会使猫咪变得疲惫不堪，严重影响其生长发育。母猫咪在一个发情期交配不能超过3次。公猫咪每天不能超过2次，每次间隔10小时以上。对不适于或不让其繁殖的公母猫咪，要及时做去势手术，达到一劳永逸的目的。

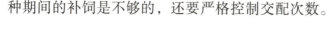

 7. **交配过程需要注意哪些情况**

猫咪在交配时，不愿让人看，也不喜欢灯光。因此，猫咪的交配通常都在夜间进行。根据这一特性，家庭养猫咪在选择交配场所时，要注意保持环境的黑暗和安静，最好是在夜间进行。为了观察公母猫

咪是否交配成功，主人要躲在暗处，或站在室外通过门窗玻璃观看，不要走动，也不要弄出声响。

如果公母猫咪从未见过面，在交配前，要将母猫咪关在笼子里，放到公猫咪住处或笼子附近，让公猫咪与其亲近，当彼此熟悉后，再把母猫咪放出来。公猫咪受到母猫咪的刺激很快便会进行交配。如果母猫咪不愿接近公猫咪，或公猫咪不理母猫咪，千万不要放在一起，那样容易引起两只猫咪发生争斗，造成伤害。此时，可再找第二只公猫咪试试。如果还不行，则可能是发情不充分或假发情，要等真发情并进入发情高峰时再行交配。当发情母猫咪接受交配时，公猫咪一边发出尖锐的叫声，一边接近母猫咪，母猫咪则蹲伏下来接受公猫咪爬跨。公猫咪射精后松开母猫咪或母猫咪通过打滚将公猫咪抛下来，一般情况下，公猫咪会迅速跳开躲到一边，母猫咪舔舐其阴部并梳理被毛。如果公猫咪再试图靠近母猫时，会立即遭到母猫的攻击。

如果发现公猫咪爬跨后，很快地就从母猫咪背上掉下来，或交配后母猫咪还与公猫咪亲近，则很可能是没有交配成功。

猫咪属于刺激性排卵动物，交配后 24 小时卵巢排卵，卵子在输卵管与精子相遇，完成受精过程。发情表现持续 3 ~ 6 天后消失。未交配的母猫咪，维持发情 1 周左右，间隔 3 周左右又开始下一次发情。

8. 母猫咪怀孕有哪些表现

母猫咪交配后 20 天左右才能看到怀孕的征候。早期表现为：乳头的颜色逐渐变成粉红色，乳房增大，食量逐渐增加，喜欢静而不愿动，行动小心谨慎，不愿与人玩耍。睡觉的时间增多，睡觉的姿势一反常态，喜欢伸直身子躺着睡。外阴部肥大、颜色变红，排尿频繁，不再发情。而未怀孕的母猫咪这时可能已出现第二次发情。

怀孕 1 个月左右，腹部开始增大，这时用手检查腹部，可摸到胎儿的活动。检查要在猫咪空腹时进行，用手掌托住后腹部，手指向腹内轻轻按压，即可感觉到胎动。切忌用力按压或挤压过度，以免引起流产。怀孕后的猫咪乳房明显膨胀，食欲旺盛，体重增加。

有时猫咪会出现假妊娠现象。假妊娠的母猫咪，也可见乳头潮红，腹围增大，不发情等怀孕表现，有的乳头还能挤出乳汁。但假孕现象

维持时间要比正常妊娠短，一般约 30 ~ 40 天左右，腹部渐减小，恢复到正常状态。假妊娠的发生是内分泌功能失调造成的。正常情况下，如果卵子没有受精，卵巢内形成的黄体会很快地消失。由于某种原因，母猫咪虽没有受孕，但黄体却未消失，因而出现了假妊娠现象。

9. 怀孕后怎样加强营养

猫咪的妊娠期为 58 ~ 71 天，平均 63 天。怀孕后的母猫咪，其生理机能及营养代谢均不同于平时，养猫者应精心地饲养和护理。

怀孕的母猫咪，除需要满足自身的营养需要外，还要为胎儿的发育提供营养物质。因此，怀孕母猫咪要适当增加营养。怀孕的第 1 个月，

胎儿尚小，无需给母猫咪准备特别的饲料，只要按平时的日粮水平，稍多加点动物性饲料就行了。但饲喂时间要准时，避免早一顿，晚一顿，影响消化吸收。怀孕1个月后，胎儿开始迅速发育，母猫咪体内的代谢增强，对各种营养物质的需要量急剧增加，如蛋白质的需要量可比平时增加15～20%，能量的需要比平时增加40%。饲料配比要以蛋白质高、体积小的动物性饲料为主，如瘦肉、鱼等。富含碳水化合物的植物性饲料要适当减少，因怀孕母猫咪活动减少，摄入过多的碳水化合物将转变成脂肪，引起肥胖，分娩时易发生难产。

由于胎儿占据了腹部很大的空间，怀孕母猫咪每次进食量减少，因而要采用少量多餐的方法饲喂。在临产前半个月，适当给猫咪增加富含维生素的蔬菜等青绿饲料，并补加点钙剂，如葡萄糖酸钙或药用碳酸钙等均可，溶在饮水中或拌在食物中混喂。

10. 怎样精心护理孕猫咪

怀孕后期的母猫咪，由于腹部膨大，行动变得缓慢、笨拙，这时候主人不能像平时那样，让猫咪玩技巧性强或需要蹦跳的游戏。不能放猫咪外出，以免受到惊吓逃跑，剧烈运动而引起流产。不能驱赶或打骂孕猫咪，尤其不能打头部和腹部，也不要拉尾巴、揪耳朵，这些动作极易引起流产。捉、抱猫咪时要特别注意腹部的保护。

猫咪窝要干燥、温暖、通风良好。搞好猫咪身体卫生，特别是乳头和阴部的卫生，预防相关疾病。饲料要干净，以防引起胃肠疾病。某些胃肠疾病如下痢、肠炎等也能引起流产。孕猫咪要进行适当的运动，这样不仅有利健康，而且也有利于正常分娩，尤其是在妊娠后期，适当的运动更为重要。每天可将猫咪抱到室外去活动或晒太阳半小时左右，或让猫咪在室内或阳台上活动1小时。在妊娠期间，如果发现猫咪患病，要及时送兽医诊所治疗。

11. 怎样做产前准备

在预产期前1周，主人就要为猫咪准备好产箱或产窝，并将它放在一个温暖、较暗、安静的地方，以免产期提前而措手不及。产箱可用木板钉制，也可用硬纸箱代替，规格为长50厘米，宽40厘米，高30厘米，一般以猫咪的四肢能伸直并留一定空隙为宜。产箱的门要留一个高7~8厘米的门槛，以防仔猫咪跑出。产箱内的表面应光滑，不能有露头的钉子或其他尖锐突出物，以免划伤母猫咪和仔猫咪。产箱也不能刷油漆或其他涂料，避免异味对猫咪的不良刺激或因仔猫咪舔咬而引起中毒。

产箱使用前要进行彻底消毒，可用1%的热碱水刷洗一遍，再用自来水冲净晾干备用。产箱底部要铺垫棉絮、布片等保温物品，但不宜使用干草、刨花等物，因为仔猫咪出生后会在箱内乱跑，以免钻进

杂物中不能被母猫咪发现而压死，或出现其他意外。冬季要多铺一些，还可用热水袋或灯泡进行保温。而夏季要注意产箱的通风和降温。产箱最好放在阴暗、干燥、冬暖夏凉的地方，也可用砖将产箱垫高以利通风。

产箱的顶盖最好做成活页型，可随时打开，以便观察母猫咪及幼仔的生活情况。产前用温热的淡盐水将母猫咪的乳头洗净、擦干，以确保幼仔能顺利、卫生地吃到初乳。母猫咪临产前还要准备毛巾、剪刀、消毒药水、温开水等，以备难产时用。

12. 分娩前有哪些征兆

孕猫咪在分娩前的一些日子会变得烦躁不安，常常一趟接一趟地去察看它产仔的地方，还不停地东找找、西看看，走到哪里都要翻几下，然后躺下或者卧一会儿，这就是在寻找一个合适的产窝。

妊娠期平均为 63 天，这样主人就可以初步推算出母猫咪的预产期了，再加上交配的那几天，保险的方案是，要按预产期的前 3 天加上后 3 天计算时间。也就是说分娩可能在妊娠期的 60 ~ 66 天。

快要临产的孕猫咪有明显的分娩预兆，如腹部明显膨大下垂，外阴部充血肿胀，有时有水样黏液或"牙膏状"分泌物挤出阴道口。乳头明显红胀，并可挤出白色乳汁，孕猫咪表现得特别反常，紧紧跟随主人，还不停地看着主人"喵喵"叫着，甚至有的孕猫咪还去叼主人的衣服或手。

临产的当天孕猫咪多数是拒绝进食的，并且孕猫咪的体温比平时略低。可发现孕猫咪总是上厕所，这是初始的子宫阵缩现象，需要把孕猫咪放到预先准备的产窝中,这时的孕猫咪呆在窝里不会再跑出来。它的后腿会有抽搐的动作,感到阵痛而显得不舒服,呼吸也很急促。

重点提示

在阵痛间歇期,主人最好给孕猫咪饮用些水或奶等液态食品。这时要用温水放一点盐将孕猫咪的乳头轻轻擦洗1遍,长毛品种的猫咪最好提前剪掉腹下的毛,使仔猫咪方便找乳头。这时主人要不离眼的监护孕猫咪,以便随时进行分娩护理。

13. 分娩过程有哪些

临产当日,母猫咪一般不进食,躲进产房不出来,因此临产的母猫咪在没有疾病的干扰下,突然停食,这是临产前的重要预兆。临产前 12 ~ 24 小时,体温下降1℃左右。临产前几小时,母猫咪子宫开始阵缩,感到阵痛而显得不舒服,精神也焦躁不安,呆在产箱不愿出来。

猫咪分娩一般要持续 1 ~ 3 个小时,主要根据产仔数量来决定。一般正常情况下,母猫咪依其母性的本能,完全可以自己处理分娩过程中的一切事宜,无需旁人帮助。但家养猫咪,特别是名贵品种的猫咪,有时需要主人协助。因此分娩过程中,主人可在旁静观,发现问题及时处理,但不要发出响声,人走动越少越好,特别是陌生人。

分娩时第一个仔猫咪能否顺产很重要,如顺产,则整个分娩过程一般不会出现难产。分娩时,母猫咪侧身而卧,不断努责,阴门中流出较多黏液,来增加产道的润滑程度,加速分娩过程。当胎儿将要产出时,首先看到阴门鼓出,然后是一层白色薄膜,薄膜里面裹着胎儿。

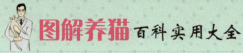
常常是先产出头部，爪子放在头两侧，然后产出身子和尾部。产出的仔猫咪被裹在胎衣里，随后母猫咪将胎衣囊撕开，咬断脐带，然后把胎衣和胎盘吃掉，以舌舔干净仔猫咪身上的羊水、鼻子里的黏液，有时还会看到母猫咪像在"打"幼仔，这是在刺激仔猫咪的循环和呼吸系统，都是正常现象。

第一个幼仔生出，间隔 0.5 ~ 1 小时，开始分娩第二个胎儿，母猫咪一般会从第一个幼猫咪身边挪开。主人还要观察第二个胎儿分娩的全过程，防止母猫咪压着或伤害已产出的小猫咪。一般产出 3 ~ 4 只小猫咪后，经 1 小时不再见母猫咪努责，则表示分娩结束。此时母猫咪已很疲劳，要让它好好休息，不要打扰它，有时也可给它饮少量牛奶或温糖水。

14. 孕猫咪出现难产怎么办

猫咪也会出现难产，这就需要有经验的人给予助产。如果是头先产出，这是顺产产位，有的猫咪由于身体虚弱，产力不足也会发生难产，此时可用牵拉的办法助产。一个人抓住母猫咪的肩部，另一人用纱布垫住露出的胎儿部分，送回盆腔约 1 厘米，再轻轻转动一下胎儿的身体，然后趁母猫咪努责时向外小心牵拉，一般情况下，胎儿能顺利产出。

如果是臀位性难产，要一人按住母猫咪的头部，另一人左手轻轻按压母猫咪的腹腰部，右手拇指和无名指从羊膜上轻压胎儿后腿，然后用食指和中指贴在小猫咪的背上，将胎儿的体躯向腹部弯曲成虾状，就能顺利产出。

如果两前爪先出，可用食指和中指探进产道内，顶住胎儿的胸部，趁母猫咪努责间歇向子宫内回送胎儿，同时用手勾住头部，使其进入产道，处于顺产产位而顺产。助产时动作要轻柔，耐心细致，以防止伤害。回送胎儿一定要在母猫咪停止努责时，而向外拉则一定要随着母猫咪的努责，慢慢牵拉。若经助产，胎儿还难以产下，则要考虑剖腹产。

15. 猫咪分娩时要注意哪些事项

第一，分娩时一定要保持安静，防止猫咪过分紧张而造成难产。观察时如发现孕猫咪破水 15 ~ 24 小时仍不见胎儿产出，或见胎儿已露出阴门 5 分钟还不能全部产出，则说明母猫咪难产，要助产，必要时考虑剖腹产。

第二，分娩过程中，一定要清点胎盘数量，一般在胎儿产出后，随即排出，并被母猫咪吃掉。如胎盘不下，后果严重，如不及时发现和处理，可能会感染、腐败，甚至危及母猫咪的生命。

第三，母猫咪分娩时，会有少量出血，如果分娩结束后，阴门里有鲜红的排泄物流出，则预示着产道将会大出血，此时要多用脱脂棉将阴道塞住，送宠物医院诊治。

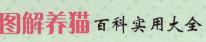

 16. 怎样进行产后护理

　　猫咪产后两小时，饲养者应小心地静静地观察产仔的情况，如发现有死胎应立即取出丢掉，不要乱摸猫咪和其他仔猫咪，也不要随意搬动产房里的东西。猫咪刚产完仔，不需要打扫产房，猫咪自己会保持产房清洁，如猫咪会吃掉仔猫咪的胎粪和分泌物，舔去仔猫咪身上的胎水等。

　　猫咪是通过气味来辨认自己的仔猫咪的，如果仔猫咪身上有了异味，猫咪就以为不是它的仔猫咪了，就是亲生的它也不承认。所以，产后半个月内的仔猫咪，千万不能从产房中捉出来观看。如必须从产房中将仔猫咪取出时，一定要戴上干净的纱手套或用一块干净无异味的布，先在猫咪排泄物上涂抹一下，带有猫咪气味后，再去捉仔猫咪。取出后也不能让仔猫咪接触有异味的物品，更不能给不戴手套的人传看。观察结束后，要马上放回原窝中，如注意不当，猫咪嗅到仔猫咪身上的异味，不但不哺乳，还会将它咬死，甚至吃掉。

　　产后猫咪身体比较虚弱，加上又要给仔猫咪哺乳和护理，抵抗疾病的能力便有所下降。因此，要加强产后猫咪的饲养管理。产后猫咪的食量是平日的 3 ~ 4 倍，因此，每天要增加喂食次数，并适量补充富含蛋白质的食物，如鱼类、肉类、奶类等，同时应供给充足的清洁饮水。

猫咪产后要保持产房环境温度适宜，过冷过热都不利于猫咪身体的恢复和增加抗病能力，除了影响正常的哺乳，还会不利于仔猫咪的健康生长。所以一定要给产后猫咪提供一个安静、舒适的环境，让它充分休息。对食盆、水盆更应经常清洗、消毒，以防病菌的侵袭和传播。

 1. 猫咪幼崽的生长过程有哪些

初生的小猫全身都已长满了细毛，但眼睛尚未睁开。一般体重为70～90克（一般一胎多仔的仔猫咪个体轻一些）。9日龄时，小猫咪的眼睛开始产生视力，一般10日龄即可睁眼。小猫咪常是互相靠近并与其母猫咪接触而堆叠在出生的地方。20日龄左右就能爬出产箱或出生的地方，但不远离。

随着日龄的增加，活动范围也随之逐渐扩大，并逐渐学会在母猫咪吃食时，它们靠听觉和视觉跟着母猫咪行动，与母猫咪一起吃肉或其他食物。30日龄时小猫咪体重能达到400克左右。

从第4～5周起，小猫咪就会滚在一起抓挠、追逐、拥抱、嬉戏，而很少发生损伤，在同窝小猫咪中形成一种和睦相处的群体秩序。小猫咪喜欢玩周围的器物和自己的尾巴，并常与其他小猫咪打斗。

到第 5 周左右时，小猫咪就不再堆叠在一起睡觉了，而是单个地或成对地睡觉。40 日龄以后，小猫咪能捕食小鼠或较大的昆虫之类活食。此后，小猫咪的生长发育较快，50 ~ 60 日龄的小猫咪体重已有700 ~ 800 克，并具有完全独立生活的能力，此时就可以断奶了。

2. 母猫咪如何进行自然哺乳

产后最初几天的母乳叫初乳。初乳的色泽较深，粘稠，里面除营养成分较丰富以外，还含有大量的抗体。抗体是一种抗病物质，小猫咪出生后，体内还不能产生抗体，但新生小猫咪的肠道却很容易吸收初乳中的抗体，从而获得被动免疫力，这对于保护新生仔猫咪的健康十分重要。因此，小猫咪生后要使其尽快地吃到初乳，时间延长，小猫咪肠道对抗体的吸收率下降。

初生小猫咪一般都能靠触觉、嗅觉和温度感觉，来确定母猫咪乳头的位置，一旦适应了吃奶的位置，很少发生争乳头的现象。如果产仔较多，弱小的小猫咪可能会挤不上去，这时应辅助较弱的猫仔，将其放到乳汁较多的乳头上，经过几次以后，别的小猫咪就不会与之相争了。哺乳的次数和时间，母猫咪会自己掌握，主人不用干预。有时

重点提示

整个哺乳期间，母猫咪的饲料营养价值要高，在饲料配合上适当增加肝、奶的比例，食物要比平时稀些，如拌入豆浆，可增加泌乳量。管理上要搞好卫生、消毒，防止大、小猫咪生病。如果发现有小猫咪离开产箱，可用一块干净布垫上提起，放回产箱。

小猫咪的鸣叫不一定是饥饿，而是在寻找母亲，但如果母猫咪长时间不哺乳，则说明母猫咪乳少或是有病，要考虑人工哺乳。

母猫咪在哺乳初期，不断地舔舐小猫咪的外生殖器，这对小猫咪的健康成长具有重要的作用。通过舔舐既可使仔猫咪体表皮毛清洁卫生和促进体表的血液循环，又可刺激小猫咪促进其排尿和排粪，增进食欲。

3. 怎样进行人工哺乳

产后母猫咪因病死亡或不哺乳，或因母猫咪产仔过多而不能正常哺乳时，就要采用人工哺乳。多用牛奶或羊奶加糖。因为猫咪乳比牛奶浓稠，所以鲜牛奶要煮沸，以蒸发掉部分水分。用速溶奶粉最方便。奶不能太热，与人体温相同即可。

哺乳工具可用玻璃注射器或眼药水塑料瓶。人工哺乳时，应将仔猫咪的头平伸而不宜高抬，挤压奶汁的动作要缓慢，边观察小猫咪的吞咽动作，边有节奏地轻轻挤压，以免呛入气管。

小猫咪出生后 1 周内每隔 2 ~ 3 小时喂 1 次，每次 1 ~ 2 毫升。2 ~ 3 周时，可每隔 3 ~ 4 小时喂 1 次，每次 3 ~ 4 毫升。3 周以后除

了喂牛奶以外，应给小猫咪喂些软而易消化的食物。人工哺乳的仔猫咪，每次喂完后，要用棉棒轻轻敲打和磨擦小猫咪的外生殖器，当小猫咪开始排泄时，要及时将排泄物擦干净，直到小猫咪排完为止。否则，小猫咪容易发生便秘。

另外，人工哺乳要注意小猫咪的保温，小猫咪出生24小时以内，最适宜温度为32℃。在两周内，温度要逐渐降至27℃，5周后，可降至室温20℃左右。

4. 怎样给仔猫找奶妈

人工哺乳非常麻烦，无论怎样精心照管，也不如猫咪妈妈直接哺乳好。因此，尽可能给失去母亲的小猫咪找个"奶妈"。最好选刚生小猫咪后仔猫咪死亡的母猫咪或产仔少的母猫咪为奶猫咪。不能直接将小猫咪放在奶猫咪身边，那样奶猫咪不但不会让小猫咪吃奶，很可能还会将小猫咪咬死。而要先在小猫咪的身上涂抹一些奶猫咪的乳汁或尿液，这样奶猫咪就能闻到自己的味，就会给小猫咪哺乳了。即使这样，在刚开始时，主人仍要在一旁关照，防止小猫咪受到伤害。

5. 乳汁不足怎么办

猫咪产仔后一般不缺奶，但是有的猫咪妈妈缺奶，这可能是受遗传因素或内分泌紊乱的影响，也可能是猫咪育成期、妊娠期，以及产后期的饲养管理不当，使猫咪乳腺发育不好，或者也可能是某种疾病、各种应激因素所造成的，如受了惊吓、过冷过热、疼痛等。

母猫咪产仔后，乳汁不足或无乳时，可用以下方法催乳：

①猪肥肉 100 ～ 150 克，煮烂，分两次连汤喂给母猫咪，连续喂 3 ～ 4 天。

②小鲫鱼数条（100 ～ 150 克）烧汤，分两次喂给母猫咪，要连续喂一周。

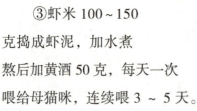

③虾米 100 ～ 150 克捣成虾泥，加水煮熬后加黄酒 50 克，每天一次喂给母猫咪，连续喂 3 ～ 5 天。

④王不留行 20 克，加通草 10 克，猪蹄一对，煮烂加红糖 50 克，黄酒 25 毫升，每天一次喂给母猫咪，连续喂上 3 ～ 5 天。

⑤牛奶、羊奶和蛋类等饲料，并增加水分、豆浆，将饲料调稀一些喂给母猫咪。

以上方法都能为母猫咪催奶。如用后仍不能满足哺乳需要时，可用人工哺乳或找"奶妈"的方法哺乳小猫咪，还可请"狗奶妈"代为哺乳。

 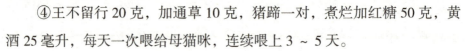

6. 怎样给幼猫咪断奶

给小猫咪断奶的主要依据是小猫咪的生长发育良好，并且具备了独立的生活能力。如断奶过晚，除对小猫咪以后的生长发育不利外，还会不利猫咪妈妈的健康。因此，应当把握住时机，适时断奶，这样对小猫咪和猫咪妈妈都有好处。

小猫咪断奶时，可根据同窝中小猫咪数量的多少，生长发育的情况，以及猫咪的身体状况而决定。既可采用全窝小猫咪同时断奶的方法，也可采用全窝小猫咪分批断奶的方法。

同时断奶就是将全窝小猫咪与猫咪妈妈同时分开。一般说来，小猫咪数量少，小猫咪生长发育都良好，大小一致，或猫咪妈妈较瘦，身体状况较差，常采用此法。

分批断奶就是让生长发育良好且健壮的小猫咪先断奶，体弱的小猫咪继续哺乳一段时间后再断奶。一般说来，小猫咪数量多，小猫咪生长发育不均匀，有大有小，有强有弱，多采用分批断奶的方法。

断奶时，可人为地将猫咪妈妈与小猫咪完全隔离，分两处关养，不让它们有互相接触的机会，也不让它们能听到彼此的叫声，否则会因母子相恋而影响取食和休息。

当然，也可让猫咪妈妈自动断奶。自动断奶是动物的本能，就是到了一定的时候，猫咪妈妈会自动拒绝给小猫咪哺乳，而将乳头压在腹下，或驱赶要来吃奶的小猫咪，这样几次以后，小猫咪也就不再去吃奶了。

为了减轻断奶后乳汁对猫咪乳头的压力，在小猫咪断奶的第一天可不饲喂猫咪，第二天只饲喂正常食量 1/4 的饲料，第三天只饲喂正常食量 1/2 的饲料，第四天饲喂正常食量的 3/4，直到第五天才恢复正常的饲喂量。在减食的基础上，逐日增食至正常食量，可缓解猫咪断奶期间奶水过多的症状，使猫咪早日恢复正常。

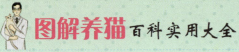

对刚断奶的小猫咪应加强饲养管理，因断奶而失去的营养，要在断奶饲料中得到补足。主人要根据断奶小猫咪的消化生理特点和生长发育的需要，给予全面而丰富的营养，易于消化的饲料，则采取少吃多餐的方法，并增加室外活动，多注意冷暖和卫生条件等，以保证小猫咪断奶后的正常生长发育。

7. 断奶后怎样喂养

仔猫咪断乳后，生长发育很快，对各种营养的需要极为迫切，如蛋白质的需要量是成年猫咪的两倍，而且由主食母乳转变为喂给饲料，就像婴幼儿离奶期一样，要有个适应过程，所以仔猫咪的饲料一定要营养丰富，便于消化。尤其是要有足够的维生素和丰富的蛋白质，应多喂些瘦肉和动物脂肪，并适当添加点维生素和无机盐。

仔猫咪饲料配方：瘦肉60克、米饭或馒头90克、青菜或草70克、脂肪2克、酵母0.5克、食盐1.5克、骨粉5克。

刚断奶的仔猫咪消化能力弱，宜少量勤喂，开始每日喂4～5次，逐渐减到每日喂3次。仔猫咪的饲料不宜多变，要尽可能地保持稳定性。仔猫咪对水的需求量也较大，要供给足够的清洁饮水，便于仔猫咪口渴时自由饮用。

8. 抱养的幼猫咪怎样护理

抱养小猫咪最好是从断奶后开始，因这时的小猫咪容易调教。年龄稍大的猫咪，对周围环境已经适应，有了较固定的生活方式，因而较难调教。如果是初次养猫咪，最好是在秋天这段时间里抱养。秋天干爽、温暖，便于饲养。冬天小猫咪易得感冒或肺部疾病。夏季炎热，雨水多而潮湿，不适饲养。秋天抱养则潮湿的夏季已过，待到寒冷的冬天来临时，猫咪已长大，抵抗力增强，不易患病。

抱养小猫咪之前，要检查一下猫咪的生活必需品是否备齐，以免小猫咪到来后措手不及。小猫咪带到家后，在取出之前，先将门窗关好，以防逃走。

一般说来，小猫咪需 3～5 天时间适应新环境，过了这段时间就能安下心来，不再逃走了。取出小猫咪时，要避免大声喧闹，防止小猫咪受到惊吓。要温柔地抚摸它的被毛，也可以用温和的语气同它交谈，使其安静下来。然后，再把小猫咪放到猫咪窝里。猫咪窝里要垫些小猫咪曾用过

重点提示

猫咪窝应安置在避风、保暖的地方，必要时可放入热水袋，因为小猫咪此时体内许多生理机能还不健全，以前主要靠母体和群体保暖，而现在一切都得靠自己，如果新环境有风或温度低，小猫咪会感到寒冷，容易生病，猫咪窝的温度保持在25～30℃为宜。

的布片、垫纸等（这些东西可在取猫咪时向原主人要），小猫咪可以从

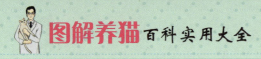

布片、垫纸上嗅到母亲和同胞兄妹的气味，从而得到安慰。

第一天小猫咪由于紧张而不停地鸣叫，并拒绝采食，这时可先给饮水，然后喂点从原主人家拿来的食物。如果还不吃，也不要强迫它吃。一般一天以后，小猫咪对周围环境有了初步了解，就可以进食了。喂的食物要质高、量少，每天多喂几次。

第六章

猫咪常见病防治

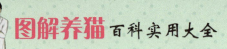

 1. 猫咪的保定方法有哪些

　　猫咪经过家庭驯化和饲养，性情比较温柔，但有的猫咪遇到陌生人或诊疗时，会咬伤或抓伤人，或由于骚动而影响治疗。给猫咪治疗时，最好给予适当的保定，这样既不伤害人和猫咪，又可保证诊疗工作的顺利进行。

　　猫咪袋保定法：猫咪袋可用人造革、粗帆布或厚布缝制而成。布的一侧缝上拉锁，把猫咪装进后，拉上拉锁，便成筒状，布的前端装一根能抽紧及放松的带子，把猫咪装入猫咪袋先拉上拉锁，再扎紧颈部袋口，猫咪就不能外跑，此时拉住露出的后肢可测量体温，也可进行注射、灌肠等诊疗措施。这种保定法，对人对猫咪都较安全可靠。

　　站立保定法：对猫咪进行疾病检查时，站立保定比猫咪袋保定法好。

猫咪基本上保持原来的体位，判定患病部位比较容易。站立保定时，要将猫咪放在桌面上或手术台上，用左手把住猫咪颈下方，右手放于猫咪的背腰部，以防猫咪左右摆动或蹲下。

　　侧卧保定法：将猫咪侧卧于桌面上，用细绳或绷带将两前肢和两后肢分别捆绑在一起，用细绳系在桌腿上，助手将猫咪头按住，即可进行诊疗工作。

2. 怎样给猫咪量体温

　　体温是衡量猫咪身体健康与否的一项主要指标，健康猫咪的体温总恒定在一定的范围之内，清晨较低，下午较高，运动后和紧张时，体温暂时高一些，幼年猫咪体温比成年猫咪体温高0.5℃左右。如果超出正常范围，说明猫咪的体温不正常。

　　测量猫咪的体温可用体温计，可由助手先用双手抓住猫咪的颈部和背部皮肤，使猫咪站立或俯卧固定，测量者用左手抓住猫咪尾巴，露出肛门，右手用涂有润滑剂的体温计轻轻插入肛门，深度为体温计的1/3，经三分钟后取出观看。健康猫咪的体温为38～39.5℃，比人的体温高。一人测量体温，可将猫咪仰卧在左臂上，猫咪的头向后抬，左小臂与猫咪的身体平行，左臂挟住猫咪，左手向下抓住尾巴，右手插体温计。测直肠体温易使猫咪疼痛，或造成猫咪直肠粘膜损伤，故猫咪通常不会予以合作。

　　测腋下体温比较安全、容易，但须掌握要领，否则不易测准。正确的方法是让猫咪侧卧，使一侧前肢基部缩回肩胛处，将体温计从前肢后部放入腋下，用手按住猫咪的前肢，将体温计夹牢，约3～5分钟后取出观看。腋下体温为37～38.5℃，比直肠体温低1℃左右。

猫咪体温比正常体温高出1℃以内叫微热，高出2℃叫中热，高出3℃叫高热。猫咪体温升高是患病的重要标志，多见于各种传染病，多种急性炎症。体温过低也不好，多是病危的征兆，如严重营养不良、大失血、中毒、休克、严重寄生虫寄生和诸多严重疾病的后期。

 ## 3. 怎样给猫咪打针

给猫咪打针是将药物直接注射到猫咪体内的治疗方法。打针的优越性是：药物见效迅速、计算药量准确、节省药物等。

打针的注射技术及消毒措施比较严格，这一工作一般由兽医进行。打针前应将注射用具清洗干净，严格消毒（煮沸消毒30分钟或高压灭菌消毒）。注射的部位有的需剪毛后，用75%的酒精消毒。请特别注意，由于猫咪的皮肤对碘酊比较敏感，所以，不要用碘酊给猫咪消毒，以免引起不必要的麻烦。

皮下注射：可选择皮肤较薄、皮下组织疏松而血管较少的部位，如易于进针的颈侧或大腿外侧。方法是，注射者以左手拇指及食指轻轻捏起皮肤，形成一个皱褶，右手持吸好药液的注射器，将针头由上向下刺入皮下 2 ～ 3 厘米后，就可注射了。注射药液后可见局部形成一个小丘。注射完毕，用酒精棉球按在进针部位，拔出针头，再轻轻地按压进针部位皮肤，以防出血。这种打针方法适用于刺激性较小的药物，如血清、疫苗等。

肌内注射：应选择肌肉丰满而无大血管的部位，如臀部、背部。肌肉内血管丰富，药物吸收较快，而肌肉内感觉神经较少，疼痛较轻，一般注射刺激性较轻的药液和较难吸收的药剂，都可采用肌内注射。注射者用左手将注射部位皮肤绷紧，右手持注射器，使针头与皮肤呈60° 迅速刺入，深 2 ～ 3 厘米，回抽无血液回流，就可将药液推入肌肉内。注射后，局部再消毒。

4. 怎样进行腹腔注射

有些重危猫咪常因血液循环障碍，静脉注射十分困难，而腹膜的吸收速度很快，又可以大剂量注射，在这种情况下，就可以采用腹腔注射了。注射部位为脐和骨盆前缘连线的中点、腹白线旁一侧。注射前先将猫咪前躯侧卧，后躯仰卧，将一对前肢抓在一起，一对后肢分别向后外方转位，充分暴露注射部位，并固定好头部。注射时先局部消毒，将针头垂直刺入皮肤，依次穿透腹肌及腹膜。当针头刺破腹膜时，顿觉无阻力且有落空感。针头内无气泡及血液流出，也无脏器内容物溢出，注入灭菌生理盐水也无阻力，说明针刺位置正确。此时可连接胶管，进行腹腔内注射。腹腔注射药液必须加温到 37 ～ 38℃，温度过低会刺

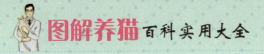
激肠管引起痉挛性腹痛。为了利于吸收，注射的药液一般选用等渗液或低渗液，每次注射剂量为 50 ~ 300 毫升。

5. 怎样给猫咪输液

当猫咪发热、腹泻、呕吐、失血、中毒、休克或患有多种危险疾病，以及不饮不食时，会发生严重的脱水、电解质和酸碱平衡失调、渗透压失常等严重反应，如不及时抢救，就会很快死亡。

那么，怎样进行抢救呢？最有效的办法就是输液。输液是根据猫咪身体脱水的类型、电解质和酸碱平衡等失调的具体情况，采取针对性的综合治疗措施。但这种科学而合理的措施的拟定是很不容易的，需要富有经验丰富的兽医对猫咪进行一系列观察和分析后，才能提出正确的输液方案。一般情况下，多采用盐、糖、水并补的方法。

> 输液的途径主要有：口服补液、静脉滴注和腹腔注射。其中以口服和静脉滴注安全而多用。腹腔注射一般不常用，只作辅助之用。

6. 怎样进行静脉注射

静脉注射法是将药液注入静脉里，随血液循环很快分布到全身，所产生的药效最明显。对剂量较大或有刺激性的药液也可进行静脉注射。注射部位可选后肢外侧小隐静脉，也可选取前肢内侧静脉。注射时，用胶管结扎注射静脉的上部，使静脉血管扩张。局部消毒后，针头沿静脉纵轴，平行刺入静脉，如刺入正确、到位，马上就可见到回血，此时松开扎紧的胶管，并将针头顺血管腔再刺进一些，然后固定针头，使药液缓缓滴入，每分钟滴 20 ～ 25 次。注射完毕后，需用酒精棉球按压注射处，然后拔出针头，局部消毒。静脉注射时需注意：

①注射器必须配套，各部件衔接严密，针头必须通畅，要严格消毒；

②防止刺激性药液漏在皮下；

③注射过程中要注意对猫咪的观察，如出现躁动不安、出汗、气喘、肌肉震颤或心脏跳动异常时，应减缓注射速度或停止注射。

静脉滴注是最有效和最常用的补液途径和措施。主要部位是猫咪的四肢（以后小腿的静脉为最好）。静脉补液所用药液多为糖盐水、生理盐水或复方生理盐水。当然也可以根据具体情况，提出合理的处方。一般一天输液一次，病情严重时，也可一天输液 2 ～ 3 次。

7. 怎样给猫咪灌肠

灌肠的药剂量较小时，先让助手将猫咪固定好，并稍稍抬高后部躯体，用温水洗净肛门周围。灌药者用不带针头的注射器吸入药液，

将注射器插入猫咪肛门内推注就可以了。

灌肠药剂量较大时，可将人用的 14 号导尿管前端涂上液体石蜡或植物油润滑后，从肛门插入直肠 3 ~ 5 厘米深处，捏紧肛门周围皮肤与导尿管，再将注射器与导尿管相连，灌药者将药液徐徐灌入猫咪体内，直到灌完为止。

注意灌入量不可太多，如灌肠量多了，有时能从口腔中喷出来，因为猫咪的胃肠较小，肠道较短。

8. 怎样给猫咪止血

猫咪跌伤了或被其他动物咬破皮肉出血，或被尖锐物体刺破皮肉出血，都需要进行止血。方法如下：

如伤口不太深，养猫者可以自己处理，用双氧水稀释后浸湿棉布洗净伤口，剪去纠结在一起的毛，涂上杀菌剂，再将纱布盖住伤口，轻轻用手紧压 4 ~ 5 分钟就可以了。

如果伤口大而深，出血较多，在采取止血的基础上，再用绷带捆扎压迫止血。捆扎一小时，解开绷带检查一下，看看出血是否停止，绷带松紧是否适度。

当绷带止血无效时，或伤口呈现喷射状出血时，应立即用止血带止血。方法是将止血带紧勒捆在伤口上方，每隔 15 分钟松一下止血带。然后，马上带猫咪到兽医院去治疗。

最后要注意的是，母猫咪难产时，阴道出血，可打止血针，如大量出血在 8 毫升以上时，要立即去兽医院治疗。

9. 猫咪烫伤了怎么办

猫咪常常喜欢到厨房寻找食物或取暖，有时会跳到灶台上，冬季会钻在炉灶下面取暖，不小心时很容易被烫伤或烧伤。如果猫咪被烫伤，最好的办法是马上冷敷，而绝对不能使用软膏或凡士林。

如果只是脚或尾等部位局部烫伤，可用凉水浸湿的毛巾包住受伤部位，再用冷水加强冷却。若是头部发生烫伤，要用冰块冷敷。冷敷后要立即用绷带包起来，送往医院治疗，不要让猫咪舔到受伤处。

如果沸水溅在猫咪身上，受伤处也同样可用冷水或冰块进行冷敷，然后再请兽医治疗。

重点提示

如果是全身烫伤，要尽快将猫咪全身浸入水中，用冷水浸湿毛巾，再把猫咪包起来，放在木板上搬运到兽医院。如发生脱水时，要及时补充，可用水或加倍稀释的牛奶给猫咪喝。应急措施做得越早越好，不要盖住烫伤部位，更不要剪去烫伤部位周围的毛，应让兽医处理。

10. 猫咪呼吸次数增多是什么问题

呼吸次数指猫咪在安静状态下，每分钟呼吸的次数。测定方法是观察猫咪胸腹部起伏动作，一起一伏为一次呼吸，也可将手背放在猫咪鼻孔的前方适当的位置，感知呼出的气流，呼出一次气流为一次呼吸，也可直接用听诊器听诊，一般连续测定 1 分钟的呼吸次数。健康猫咪每分钟的呼吸次数为 15 ~ 32 次。但猫咪的呼吸次数也受到多方面因素的影响，如运动或兴奋时，猫咪呼吸次数会出现生理性增多，妊娠猫咪的呼吸次数也要出现生理性增多，幼猫咪比成年猫咪呼吸次数多。

但在正常情况下，呼吸次数增多，常见于热性病、呼吸道炎症、肺炎和膈运动受阻（如胃扩张）等。呼吸次数减少，多见于中毒、代谢紊乱和颅内压升高等。

11. 猫咪呕吐是怎么回事

猫咪特别容易发生呕吐。在正常情况下，猫咪也会定时呕吐，主要由于猫咪经常舔身上的被毛，将毛吞进胃里，形成毛球，影响猫咪正常的消化，因此，猫咪会主动找些青草，吃下去后促使自己呕吐。其实呕

吐是猫咪机体的一种保护反应，当胃受到某些刺激时，机体为了保护胃的正常功能，把刺激物呕吐出来，免受有害物质的继续刺激。所以，当猫咪发生呕吐时，应根据猫咪发生呕吐的时间、次数、呕吐物的数量、气味以及呕吐物的性质和成分，注意区别和分析呕吐的原因。

如一次呕吐大量的正常的胃内容物，而短时间内不再出现呕吐，这往往是过食现象。频繁多次性的呕吐，表示胃黏膜遭受某种物质持

续性刺激，故常在采食后立即发生呕吐，直至内容物吐完为止。如果由于鱼、肉腐败或不良，则呕吐物中含有刚吃下不久的鱼或肉；如呕吐物是咖啡色或鲜红色，常是程度不同的胃肠炎或胃溃疡；呕吐物为带泡沫的无色液体，则常是空腹时吃入某些刺激物所引起；顽固性的呕吐，即使空腹时也可发生，多由于胃、十二指肠、胰腺的顽固性疾病所引起，此时呕吐物常是黏液；如呕吐物混有蛔虫，大多因蛔虫病所引起。另外，进行强制饮食或灌药时，也常可引起呕吐。

12. 猫咪腹泻怎么办

如果猫咪腹泻长达 24 小时以上，排出的是稀便或水样便，排除正常原因，那情况就有可能更糟。

猫咪由于吃的过多引起消化不良造成拉稀腹泻，适当禁食，视病情也可全天 24 小时禁食，只给清洁饮水，喂一些助消化药，如多酶片、咪可乐等，饮水加少量食盐。第二天可少喂流食，如米汤、肉汤等，少吃多餐，直至恢复正常。同时增加补充维生素 B 族和维生素 C，增强猫咪的抗病能力。

喝牛奶拉稀是猫咪的牛奶过敏症，猫咪中只有波斯猫的肠胃有分解牛奶的能力，停止喂食牛奶其症状就会消失，无需担心。

因着凉腹泻，粪便呈稀水状并夹带未消化的食物。可以采取以下措施：

①停止喂食，腹泻时谨防脱水，可在水中加放少量糖与盐；

②可喂服思密达或妈咪爱止泻；

③另可加喂庆大霉素与咪可乐；

④病情若无缓解请立即求助兽医；

⑤用抗菌素引发拉稀。过量使用抗生素会使猫咪肠胃黏膜受到伤害，抗菌素破坏了肠道中的有益菌群，必须在使用抗菌素的同时加服修复肠道菌群的药物。

猫咪脱水时，可供给新鲜的糖盐水，配制方法是 100 毫升温开水中，加入 0.9 克的食盐，再加入 5 克食用葡萄糖或多维葡萄糖。每千克体重 5 ～ 10 毫升，每天 3 ～ 4 次灌服。但要彻底解决脱水，最好请兽医进行输液。

13. 猫咪便秘怎么办

便秘是猫咪大便干燥、秘结难下的一种病症。粪便常滞留在大肠，所以又叫大肠便秘。有些人十分喜爱自己的猫咪，怕猫咪走失，常在一段时间内将猫咪拴养，加之猫咪挑食，只食肉类、动物肝肺、鱼类等，长时间饮水不足，运动不够而出现便秘。气候炎热、体液消耗太多，进入大肠中的水分常被进一步吸收，滞留难下也可造成便秘。如肠道寄生虫、产后失血过多、肠套叠、肠梗阻、某些抑制肠蠕动药用后均可导致猫咪便秘。

猫咪便秘常见症状是两三天不见排大便，食欲不振或废绝，腹胀欲便，努责不出，表情痛苦，甚至不安、鸣叫或呕吐。触诊腹部可发现香肠状长串粪节，手指入肠直检可触及干硬粪球。

常用润肠通便的方法就可治疗单纯性便秘。

①灌肠法：温肥皂水 40 ～ 80 毫升，或液体石蜡油 10 ～ 20 毫升，

用灌肠器灌入肠内，让猫咪做适当运动，结粪便可排出；若不出，稍微按摩腹部后，再做一定运动，即可排出。

②润泻法：用菜籽油10～30毫升或液体石蜡10～40毫升口服。

③上述方法无效，或继发其他疾病可手术治疗或对症治疗。

14. 猫咪感冒怎么办

猫咪感冒是因气候骤变、寒潮来临、机体突然遭寒冷空气袭击而导致鼻流清涕，羞明流泪，喷嚏连声，呼吸增快，发热恶寒，体表温度不均为特征的急性发热性疾病。幼猫咪多发。

猫咪身体素质差，抵抗力弱，房舍避寒性能不良。当自然界气温突然降低，温差过大，猫咪身体受寒冷刺激，一时不能适应而发感冒。早春、秋末气温多变的季节多发。

猫咪喷嚏频频，蹲伏少动，全身发抖，恶风发热，清涕长流，体温升高，食欲降低，眼结膜潮红，羞明流泪。失治日久，则见时冷时热、呼吸心跳加快，以至出现鼻流脓涕、两眼有分泌物、呼吸困难等肺炎症状。

治疗以祛风散寒、解热镇痛为原则。治疗感冒的药源极广，如复

方氨基比林，为防止继发感染可配抗生素；为控制病毒可选用病毒唑等药，适当配合维生素 C、氢化可的松等药。中药可根据风热感冒、风寒感冒，分别用药。

15. 患病猫咪怎样饮食护理

　　猫咪患病时，大多影响到消化机能，表现食欲不振或不吃不喝，尤其是胃肠炎、腹泻等疾病时，除机体自己损耗水分外，由于呕吐或腹泻中丧失大量的水分，如不能及时补充，将导致机体脱水，之后表现出精神不佳、眼窝下陷、皮肤弹力降低等。由于脱水，导致机体一系列的功能紊乱，而发生酸中毒、心力衰竭等，严重时可引起死亡。因此，当猫咪有病时，要供给足够的新鲜饮水。如没有食欲时，可用小塑料瓶灌水，但不可操之过急，防止灌呛。

　　猫咪食欲不振或废食，是由于疾病的影响引起食欲中枢抑制的结果，只有疾病得到治疗，食欲才能逐渐恢复。因此，病后几顿或几天不吃时主人不必惊慌，但要及时去找兽医进行诊断治疗，并做好护理工作。对食欲不振的猫咪，可给予少量含脂肪少的食物，如熟鱼、熟肝、熟鸡肉等对食欲进行刺激。另外对食欲不振、消化不良的猫咪，应给予容易消化的流汁食物，如米汤、牛奶等。

第二节　常见病防治

1. 猫泛白细胞减少症

猫泛白细胞减少症又称猫瘟热或猫传染性肠炎，主要是幼龄猫咪的一种高度接触性传染病。

猫瘟热的病原体是猫咪细小病毒。猫咪感染了这种病毒之后，在猫咪的呕吐物、粪、尿、唾液、鼻和眼分泌物中含有大量病毒。甚至猫咪康复后数周至 1 年以上仍能从粪、尿中排出病毒。这些排泄物和分泌物污染了饲料、饮水和周围环境，可把疾病扩大传播开，也可因健康猫咪与带病毒猫咪的直接接触而感染。所以，带病毒猫咪是本病的主要传染源。

本病在我国的发生和流行有以下特点：主要发生在 1 岁以下的小猫咪，其发病率占 80% 以上；暴发流行迅速而广泛，多呈急性经过，死亡率达 90% 以上；多发在冬末至春季，12 月至翌年 3 月的发病率占全年的 55% 以上；全窝小猫咪发病的较多见。

该病的特征性症状是呕吐，倦息，体温升高至40℃以上，持续24小时左右后下降至常温，但经2～3天又可上升（复相热型）。猫咪腹泻，呈带血的水样便，严重脱水，体重迅速下降。猫咪采血化验，可见明显的白细胞数减少（降至$4×10^3/mL$）。此时猫咪精神沉郁，被毛粗乱，对主人的呼唤和环境漠不关心，通常在第二次升温达高峰后不久就死亡。

根据以上特征，一般可以作出初步诊断，但由于还有一些疾病其临床表现与本病相似，因此，单凭以上表现难以确诊。最理想的诊断方法是用血清学诊断和病毒分离，但家养猫咪是难以办到的，主要是通过我们对以上症状的观察分析，发现可疑症状和病变，立即送兽医诊疗所就诊。

预防本病最有效的方法是及时给猫咪注射疫苗。近年来，国内有些院校研制成灭活苗，某些地区应用细胞培养灭活苗，经连续观察

重点提示

加强日常的饲养管理，注意环境卫生，增强猫咪的体质，都有助于提高机体对疾病的抵抗力。在冬末至春季流行本病的季节内，对1岁以内的幼龄猫咪及带幼仔的母猫咪，要避免外出串门。一旦发生本病，应立即隔离猫咪，无救治希望的猫咪，应扑杀淘汰。

2～3年，表明该苗安全有效，达到了控制疫情、预防发生的目的。

对轻症病例，尤其在发病初期，应在隔离条件下进行治疗。猫咪由于腹泻，严重脱水，所以，发病的早期首先要及时而果断地输液，以调节体液电解质的平衡与纠正机体酸中毒。输液量应根据病情特别是脱水的程度而定，一般是每千克体重50毫升左右。其次，进行抗菌消炎，各类抗菌药物对猫细小病毒是无任何医疗作用的，主要用以预

防继发感染。除此之外，可采用一些辅助疗法，如给予止血药、10%
葡萄糖注射液、维生素类药物等。

2. 狂犬病

狂犬病又称疯狗病，这是猫咪和其他动物以及人共患的一种急性
传染病。近年来，国内对犬和其他动物患狂犬病的报道较多，而对猫
咪的报道较少，但已证明，一些外表健康的猫咪，其唾液内却带有狂
犬病病毒，因此在防疫上应引起充分注意。

本病的病原为狂犬病病毒。病毒主要存在于病畜的脑组织中，唾
液腺和唾液中也含有大量病毒，并随唾液排出体外。大多数病例是由
于被患病动物咬伤而感染，近年来研究证明，本病也可通过呼吸道或
消化道感染，少数也可由外观健康的犬或猫咪舐触健畜伤口或与猫咪
共睡一个窝中而感染。多数病例有被病畜咬伤的病史。

猫咪的常见症状是行动反常，喜躲藏在阴暗处，不听呼唤，即使
主人呼唤，也无反应，甚至攻击主人。猫咪出现异嗜，见到任何物体，
都要咬噬。猫咪狂暴不安，乱跳乱咬，最后终因麻痹而死亡。遇到这
种可疑的猫咪，应将其捕获，拘禁观察至少两周，在此期间若无狂犬
病症状出现，则证明不是狂犬病。若出现狂犬病症状，为了诊断目的，
最好待其自然死亡后，进行剖检。如发现胃内空虚或有大量异物，胃
粘膜高度发炎，其他脏器无特异变化时，应采取脑组织检查。必要时
可配合其他血清学诊断。

狂犬病防治措施：在狂犬病流行区，对猫咪应积极注射兽用狂犬
病疫苗，以保人兽安全。发现感染猫咪应及时扑杀、深埋或焚烧。

被咬伤的猫咪，先让伤口流出部分血液，以减少病毒吸收，再用

肥皂水充分冲洗，并用 3% 碘酊处理创口。如有症状可根据病情，对症治疗，如注射镇静、抗痉挛及氢化可的松等药物。被咬伤的猫咪，应同时注射抗狂犬病免疫血清，于伤口周围分点注射。用量每千克体重 1.5 毫升。免疫血清应在被咬后七十二小时内注射完毕。一旦发现狂犬病症状立即扑杀。整个治疗过程，应在严格隔离条件下进行。饲喂者及治疗者必须严加防护。

3. 传染性腹膜炎

这是猫咪的一种慢性进行性传染病，猫咪除呈现腹膜炎症状，使腹部增大外，还可呈现胸膜炎的症状。

本病的病原为猫咪传染性腹膜炎病毒，主要经呼吸道传播，经消化道及昆虫媒介的传播途径也应重视。

本病易感范围不分品种、性别、年龄，各种猫咪都可感染发病。

临床表现可分为渗出型和干燥型两种。

（1）渗出型

一般发生在疾病流行初期，其特点是因腹水潴留而腹部明显隆起。猫咪食欲减退，体重减轻，日渐消瘦衰弱，经 1 ~ 6 周后，可见腹部膨大，体温升高至 39.7 ~ 41℃。母猫咪常被误认为妊娠。此种病型，迅速死亡。用无菌注射器吸出腹水检查时，可见腹水透明、淡黄色，有的呈蛋清状，接触空气则很快凝固。

（2）干燥型

猫咪不出现腹水，而以眼病为主，如出现角膜水肿、虹膜睫状体炎、房水呈红色、缩瞳、视力障碍等症状。有些病例出现神经症状，主要表现眼睛震颤，定向力障碍，肌肉强直和共济失调，后期发生不全麻痹或全麻痹。公猫咪有睾丸周围炎或附睾炎，此型病例多在五周内死亡。

防治措施：目前尚无疫苗可用。为减缓症状，可使用氨苄青霉素与泰乐霉素、泼尼松等，并配合一定的维生素进行治疗，可减轻症状。一旦发生本病，应立即将猫咪隔离，污染的环境用0.5%洗必泰等进行消毒。

4. 流行性感冒

流行性感冒是猫咪的一种急性呼吸道传染病。猫咪主要呈现高热、咳嗽和全身衰弱无力，有不同程度的呼吸道症状。

本病的病原是流行性感冒病毒。猫咪感染后，病毒可在呼吸道粘膜上皮细胞内增殖，并随猫咪的喷嚏、咳嗽，把呼吸道中的病毒排出，健康猫咪吸

入后即可感染发病，引起流行传播。

本病的发生常与气候的骤变有一定的关系。一旦发生流感，则迅速传播。病程短，发病率高，病死率低。一般以秋末至春初发生较多。

猫咪临床表现为体温升高达41℃，精神沉郁，食欲减退，呼吸快而浅表，每分钟呼吸数达40~60次。猫咪流鼻液，喷嚏，全身颤抖，怕冷。根据以上特点，一般可初步诊断为流行性感冒。

防治措施包括改善饲养管理和卫生条件，防止寒冷空气的侵袭，尤其是气候骤变时更应注意，对患病猫咪采取隔离措施，防止与健康猫咪接触。大蒜汁水溶液喷鼻有较好的预防效果。方法是将大蒜50克，去皮捣成泥状，加水25毫升拌匀，用2～3层纱布包紧挤出蒜汁，临用时用水配成20～30%水溶液，用橡皮球注入器向两侧鼻孔内喷入少许，每日1～2次。

对患病猫咪可肌内或皮下注射青霉素5万单位，每天2次，连用3～4天，预防呼吸系统炎症。也可肌内注射板蓝根注射液（其他不可）2～4毫升，每天1次，连用2天。此外，可内服速效感冒胶囊，每次1/5粒，每天2次。必要时，配以静注葡萄糖生理盐水20～50毫升。

5. 轮状病毒感染

轮状病毒感染是一种肠道传染病，以腹泻为主要特征。各种年龄的猫咪虽都可感染，但主要发生在幼龄猫咪，成年猫咪均为隐性感染，多发于寒冷季节。卫生条件不良，常可诱发本病。本病的病原体为轮状病毒。

轮状病毒存在于猫咪的肠道内，并随粪便排出体外，污染周围环境。病愈后的猫咪，仍可从粪便中排出病毒。因此，患病猫咪和带毒猫咪是本病的传染源。消化道是本病的主要感染途径。由于轮状病毒在人和动物之间有一定的交叉感染性，因此，只要病毒在人或一种动物中持续存在，就有可能造成本病在自然界中长期传播。

幼龄猫咪常发生严重腹泻，粪便是水样至粘液样，可持续数日，食欲与体温无大变化。

通常根据猫咪的临床特征和流行特点，可作出初步诊断。进一步确诊需对猫咪粪便作显微镜检查或进行酶联免疫吸附试验。但应注意，检查结果需与猫咪的临床表现结合分析，注意与急性胃肠炎进行鉴别，防止误诊。

轮状病毒防治措施：目前尚无疫苗可供免疫用。保证仔猫咪及时吃足初乳，是使仔猫获得免疫保护的重要措施。发现感染的猫咪应立即隔离到清洁干燥、温暖的场所，停止喂奶，改用葡萄糖甘氨酸溶液（葡萄糖 45 克，氯化钠 9 克，甘氨酸 6 克，枸橼酸 0.5 克，枸橼酸钾 0.13 克，磷酸二氢钾 4.3 克，水 200 毫升），或让猫咪自由饮用口服补液盐（氯化钠 3 克，碳酸氢钠 2.5 克，氯化钾 1.5 克，葡萄糖 20 克，水 1000 毫升），以防猫咪脱水、脱盐及酸中毒。此外，对猫咪应进行对症治疗，可应用收敛止泻剂、抗菌药物等。

 ## 6. 大肠杆菌感染

大肠杆菌是动物肠道内的常在菌，大多数大肠杆菌无致病性，但其中某些型的大肠杆菌有致病力，可引起动物特别是初生和幼龄动物感染发病。常发生严重的腹泻和败血症。

猫咪临床表现精神沉郁，病初减食，继而食欲断绝，体温高达 40℃左右。鼻镜干燥，眼、鼻有粘液状分泌物，粪便稀软、粥状，呈黄色或灰白色，以后出现水样腹泻，粪便有特殊的腥臭味，并带有白色泡沫。出现严重脱水时，猫咪喜卧不喜动。濒死前体温下降，经 1 ~ 2 天死亡。

预防本病的关键在于做好日常的卫生工作，猫窝要经常晾晒，猫

咪饮食要注意清洁卫生，选择新鲜的食品。

治疗用药：螺旋霉素肌内注射，用量为每千克体重5毫克，每日注射2次，连用3～5日，或庆大霉素每千克体重2.2～4.4毫克，皮下或肌内注射，第一天注射2次，以后每日1次。或用痢特灵（呋喃唑酮）内服，日用量为每千克体重10毫克，分两次内服，连用5～7日，或用食母生、乳酶生、苏打片各1片，每日喂服2次，连用3日。纠正脱水，可口服或静脉注入葡萄糖盐水。

重点提示

本病的病原是大肠杆菌。该菌在自然界分布很广泛，河水、土壤中都有存在，并大量寄生在人、畜的肠道内。多见于新生的仔猫，大多发生在生后1周龄内的幼猫咪。只有当饲养管理条件不良，机体抵抗力降低时，才能通过消化道感染。

7. 皮肤真菌感染

猫咪的皮肤真菌感染，俗称皮肤癣或癣。可传染给人，其中以儿童和妇女较易受感染。

多由大小孢子菌或毛霉菌等真菌所引起。它们的抵抗力很强，真菌孢子，在被污染的物体上能存活一年之久。用沸水很快就能杀死，用60℃热水一小时才能杀死。而对湿热的抵抗力较弱。对一般消毒药的耐受能力较强，如1%氢氧化钠溶液需数小时、2%福尔马林溶液需半小时才能杀死，对一般的抗菌素和碱胺类药物不敏感。

猫咪感染皮肤真菌后，病初不易发现，几天后皮肤出现脱毛区，呈散在性的斑秃，并多呈圆形或椭圆形。脱毛区多数先出现在颜面、耳廓、头部或四肢等部位，并迅速向全身蔓延。脱毛区开始发红，随后皮肤增厚、粗糙，变为灰色且多皮屑，进而形成痂皮、皱裂等。该病变不波及皮肤深层组织，局部痒感不剧烈。

猫咪一旦感染后，特别是群养的条件下，不易彻底根除，因此需注意预防。对患病猫咪需进行隔离治疗，避免疾病进一步扩散传播，幼年猫咪更易感染，需特别注意预防。

治疗可用灰黄霉素口服，剂量为每千克体重 20 毫克，每日 2 次，连用 4 周。全身治疗的同时，也可用克霉唑或真菌软膏局部涂敷，一日 2 ~ 3 次，连用 3 ~ 4 周。

> 由于该病可以传染给人，尤其儿童和妇女的皮肤抵抗力弱，易受侵袭，注意不要抱患病猫咪玩，更不应该让它们去钻主人的被窝。
>
> 要做到防重于治，在日常就应注意保持猫咪身体皮肤的清洁、卫生，常洗澡，室内通风良好，要有一定的日照时间，特别是阴雨季节，更应加强防护工作。

8. 秃毛癣

秃毛癣又称钱癣，是猫咪和其他动物都可感染的一种皮肤真菌病。在各种动物中以牛、马发生较多，猫咪发生也常见。

秃毛癣的病原体有两种：发癣菌属和小芽孢菌属。猫咪的秃毛癣多由小芽孢菌属引起。这种小芽孢菌，存在于皮肤表层、硬皮和鳞屑内、毛囊内、毛根周围或毛体上，形成大量孢子，当猫咪挠痒或在各种物体上蹭痒，或与其他猫咪互相舔舐时，就可把孢子传播开，引起此病的扩大传播。由于孢子对热和消毒药液的抵抗力强，不易将其杀死，因此一旦发生本病，不易彻底治疗。

由于本病的临床症状比较明显，也有一定的特征性，所以常可根据临床表现进行确诊。猫咪秃毛癣部位多发生在面部、躯干、尾部和四肢等处，出现圆形的癣斑，上面覆以灰色鳞屑，癣斑部的被毛折断或脱落。猫咪有剧痒，故常在各种物体上蹭痒。病程较长，鳞屑脱落后，形成秃斑。

对不典型病例，依靠临床症状难以确诊，此时应采取病料，如病、健交界处的皮屑、折断的毛根等，用10%的氢氧化钠溶液适当处理后，进行显微镜检查，若在透明的毛根部见到小芽孢菌，即可确诊。

预防本病的关键是做好猫咪皮肤的清洁卫生工作，给猫咪经常洗澡、梳毛。另外要防止健康猫咪与患病猫咪接触。

对猫咪的治疗应先剪去患部及其周围的被毛，用热肥皂水浸泡、洗涤患部，以软化硬皮。用10%克霉唑软膏局部涂擦，对猫咪秃毛癣有较好的疗效。局部涂擦用10%碘酊或10%水杨酸酒精或水杨酸软膏，初期每天1次，以后每隔1～2天1次，直至痊愈为止。灰黄霉素能有效地抑制小孢菌等的表皮癣菌，以口服为主，应持续服用到病变组织完全被健康组织代替为止，其用量为20～25毫克/千克体重，连用1周。我国目前生产的灰黄霉素为微粒型，如用非微粒型，则应增加剂量。用药期间，必须加强饲养管理，改善卫生条件。

9. 结膜炎

结膜炎是猫咪眼结膜的炎症，多为慢性，是常见的眼科病之一。大多数是继发于其他疾病，如眼部外伤、鼻泪管阻塞、角膜炎等病，继发菌多数是化脓菌。

急性化脓性结膜炎时，猫咪羞明，流泪，有多量粘液或脓性分泌物，常使上下眼睑粘连在一起，睁不开眼。打开眼时，可见眼结膜高度通红、肿胀，严重的可继发溃疡性角膜炎。

治疗应除去病因，用 2 ~ 3% 硼酸水或 0.1% 利凡诺溶液清洗患眼，也可用 0.5 ~ 2% 硫酸锌溶液点眼，每日 2 ~ 3 次。对化脓性结膜炎，在洗眼后用抗生素眼药水点眼，如

氯霉素、金霉素、新霉素眼药水。也可涂敷抗生素眼膏，如红霉素，常可取得较好的疗效。

10. 蛔虫病

猫咪蛔虫病是由猫咪蛔虫引起的，猫咪蛔虫的虫体呈淡黄白色。雄虫长 30 ~ 60 毫米，雌虫长 40 ~ 100 毫米，卵大小为 65 微米×70 微米，外膜有明显的水泡状结构。猫咪蛔虫卵随粪便排出体外，在外界环境中，需经 10 ~ 15 天才能发育成为感染性虫卵，猫咪经口感染后至肠内孵出幼虫，幼虫进入肠壁血管而随血行至肺，沿支气管、气管到口腔，再次咽下至小肠内发育成虫。

蛔虫寄生在小肠里与宿主争夺营养，并对肠道产生机械性损伤刺

激，可引起卡他性肠炎，肠壁出血。蛔虫有游走窜扰的习性，特别是由于饥饿或饲料成分改变等因素，常窜入胃、胆管或胰管中引起呕吐、腹痛等症。严重感染时大量虫体在肠内缠集成团，造成肠梗阻，甚至发生肠穿孔。

临床上猫咪在感染早期有轻微咳嗽，呕吐，食欲减退，消瘦，先下痢后便秘；幼猫咪腹围膨大，贫血，发育不良，被毛粗糙，皮肤松弛。

诊断感染蛔虫严重时，呕吐物与粪便中常可见到蛔虫，既可确诊本病，也可用直接涂片法检查虫卵，若发现虫卵，即可确诊。

蛔虫病治疗方法：下列驱虫药物可任选一种，在投药前，应禁食10～12小时，必要时可2周后再重复一次。

①驱蛔灵，每千克体重125毫克，一次口服对成虫有效；剂量加倍则可驱除猫咪体内未成熟的虫体。

②盐酸左旋咪唑，每千克体重10毫克，一次口服。

③抗蠕敏，每千克体重10毫克，一次口服。

11. 绦虫病

绦虫病是猫咪小肠内常见的寄生虫病。寄生在猫咪的绦虫种类很多，最常见的是犬复殖孔绦虫、泡尾绦虫和泡状带绦虫。

绦虫是背腹扁平，左右对称，呈白色或乳白色，不透明的带状虫体。犬复殖孔绦虫的虫卵散播到外界被蚤类吸血昆虫食入，在蚤体内发育成似囊尾蚴，猫咪舔食了带有似囊尾蚴的蚤后，在小肠内经3周发育成成虫。

泡尾绦虫随猫咪大便排到外界后，可自行蠕动，在蠕行中散布虫卵，鼠、兔等食入虫卵后，幼虫在消化道逸出，进入肠壁到达肝脏，在肝脏经 2 ～ 3 个月发育成为链尾蚴。猫咪吃了这类鼠或是兔肝后，在小肠内经 30 天发育成成虫。

泡状带绦虫随粪便排到体外，猪、牛、羊等食入，在其体内形成细颈囊尾蚴，猫咪在吃肉时容易被感染。

绦虫虫体寄生在猫咪小肠，吸取营养，影响了猫咪的正常生长发育，当大量虫体寄生时，可缠集成团，堵塞肠腔，导致腹痛、肠扭转甚至肠破裂。

猫咪轻度感染后常不引起人的注意，严重感染时，会引起猫咪发生慢性肠炎、腹泻、呕吐、消化不良，有时腹泻和便秘交替发生，呈现贫血或高度衰弱。虫体成团时可堵塞肠管导致肠梗阻，甚至肠破裂，猫咪自体内排出虫卵时，虫卵常附在肛门周围，刺激肛门，使肛门疼痛发炎。

观察猫咪的排便，如发现猫咪粪便中有面条样白色虫体即可确诊。

绦虫病可选下列药物进行治疗。

①氯硝柳胺（贝螺杀、灭绦灵），每千克体重125毫克，一次口服，服药前禁食 12 小时。此药具有高效杀虫作用。

②吡喹酮，口服剂量每千克体重 10 毫克；也可按每千克体重 2 毫升，进行皮下注射。六月龄以下猫咪忌用。

③丙硫苯咪唑，每千克体重 50 毫克，口服。此药也有高效杀虫作用。

④盐酸丁萘脒，每千克体重 25～50 毫克，一次口服，服药前禁食 12 小时，服药 3 小时后方可进食。本品为一种广谱性抗绦虫药。

⑤氯硝柳胺哌嗪，每千克体重 125 毫克，一次口服。

12. 弓形体病

弓形体病是一种名为弓形体的原生动物引起的寄生虫病，是一种人畜共患病。虫体生活发育史中的阶段，形状呈弓形，故得名为弓形体，又名弓浆虫。弓形体有两个宿主，即中间宿主和终末宿主。在弓形体的生活史中，从它的形体可分为滋养体、包囊、裂殖体、配子体和卵囊五种类型。

当猫咪吞食了含有滋养体、包囊或成熟的卵囊的肉食后，虫体可侵入肠道上皮细胞内，进行无性繁殖而产生裂殖体，部分裂殖体进一步发展为配子体，雌雄配子体结合进行有性繁殖成为卵囊，后者随粪便排出体外，在适宜的环境中，经过 2～4 天发育成为具有感染力的卵囊。

被猫咪吞食的虫体，也有的穿过肠道上皮而进入淋巴和血液中，达到全身各脏器、组织，侵入细胞内，进行无性繁殖，产生大量虫体。

由于虫体处于生活史的不同阶段而具有较大的差异，其中滋养体的抵抗力最差，对一般消毒药均敏感，如 1% 来苏尔液一分钟即可将它杀死。包囊型虫体抵抗力较强，能抵抗胃液的作用，在 4℃ 时可存活 68 天。卵囊的抵抗力最强，常温下可保持一到一年半的感染力，对一般酸、碱消毒药均有相当强的耐受能力，但不耐高温，在 80℃ 热水中一分钟可杀死，100℃ 时即刻死亡。

弓形体的传播途径比较复杂，既可以经胎内传染（即胎儿在患弓形体病的母体子宫内经过胎盘而感染），又可以在出生后由外界获得感染。人主要是经胎盘传染胎儿，但也有可能是因为输血而发生传染。除此以外，弓形体病人对周围人群并没有直接传播疾病的危险性。其它很多动物也同样如此，它们本身可以受传染，但它们对周围的动物没有直接传播疾病的危险性，除非是它们的肉被食时。

猫咪和其它猫科动物不同，因为弓形体只有在猫科动物体内形成一种新的弓形体寄生型即卵囊。一只猫咪一天能排出 1000 万个卵囊，可持续排出二周多时间。猫咪的免疫并不完全，因此它还可以再感染，又可

重新排出卵囊，所以说猫咪是本病的主要传染源。

卵囊随着粪便排出到外界环境中，在适合的温度、湿度条件下，经过 2～4 天即变为传染型卵囊，人和其它动物，均可通过带有该型卵囊的土壤等被感染。本病主要通过消化道传染，人工感染，通过口、咽喉、皮下和腹腔等途径都可引起发病。据报道，猫咪的品种、性别对发病没有明显的差异，季节对本病的发生也没有影响。而年龄的不同时，则病的经过有一定的差异。幼猫咪多呈急性经过，成年和老龄猫咪则为慢性。

猫咪感染弓形体后，通常为不显性的经过。而幼龄猫咪或机体处于应激状态的猫咪，则可能引起急性发作。一般表现为体温升高、下痢、呼吸困难和肺炎，有的还出现神经症状。成年猫咪多为带虫者，不表现任何症状，死后剖检可见肺、肝、脾、淋巴结、心肌、脑等处

均有炎性坏死的肉眼变化。显微镜下见坏死，周围有多形性的滋养体，有的在心肌、脑、骨骼肌等处有休止型的包囊体。

人和其它动物的易感性，通常无年龄和性别的差异，但随接触的机会增多有上升的趋势。

一般依据临床症状、病理变化、流行病学和实验室检查进行综合分析判断，作出诊断。

目前对弓形体病尚无特效药物，但磺胺类药物及乙胺嘧啶等药物对急性发作期有一定的疗效。磺胺嘧啶按每千克体重60毫克，配合抗菌增效剂以每千克体重20毫克，分一日二次口服，连服五天；或每日一次内服乙胺嘧啶每千克体重1毫克；也可以每千克体重乙胺嘧啶0.2毫克与磺胺嘧啶15毫克配合应用，每日一次口服，连用二周。

根据弓形体的生活史、本病的流行病学特点，预防本病要做到以下几点。

①注意搞好环境卫生，及时处理猫咪的粪便，防止环境被污染。

②注意食物卫生，猫咪食物如乳、肉、蛋等，必须煮熟后喂给；不喂被污染肉品等，以减少感染机会。

③隔离可疑猫咪、防止猫咪与其它动物接触，对猫咪进行积极治疗。

弓形体病可引起多种动物的感染，尤其是猫咪，由于它们与人关系密切，因此常常是人患病的一个重要传染病。感染弓形体的孕妇，不但会影响胎儿，造成各种先天畸形、缺陷、疾病、残废或死亡，而且可使孕妇出现流产、死胎、早产或增加妊娠合并症，是围产期医学中的一个重要寄生虫病。因此弓形体及其所引起的疾病，已日益为医学、兽医学和生物界所关注。

13. 疥螨病

猫咪的疥螨病是由疥螨和蠕形螨引起的，症状主要为剧烈瘙痒和湿疹样变化。

猫咪疥螨病的主要病原是疥螨、小耳螨和耳螨的螨虫。疥螨为不完全变态的节肢动物，其发育过程包括卵、幼虫、若虫、成虫四个阶段。疥螨钻进宿主表皮挖凿隧道，虫体在隧道里发育和繁殖，在隧道中每隔相当距离即有小孔与外界相通，以通透空气和作为幼虫出入的孔道。雌虫在隧道里产卵。卵经 3 ~ 8 天孵化为幼虫，幼虫移至皮肤表面生活，在毛间的皮肤上开凿小孔，在孔道里蜕化变成若虫，若虫也钻进皮肤上挖凿的浅孔，在里面蜕皮变为成虫，疥螨整个发育过程需要 15 天。

一般正常的幼猫咪身上常有蠕形螨存在，但不发病，但当机体抵抗力降低或皮肤发炎时，便大量繁殖，引起发病。

猫咪的疥螨主要发生于头部、耳廓及耳根部、腹下、大腿内则和尾根部，患病部位瘙痒强烈，猫咪持续性地搔抓、摩擦和啃咬，皮肤表面潮红，有疹状小结，皮下组织增厚，龟裂，出现棕黄色痂皮。

根据临床症状结合皮肤刮取物检查，发现螨虫即可确诊。

治疗时将患部及其周围毛剪掉，除去污垢和痂皮，用温肥皂水洗刷，然后采用下列药物治疗。1%伊维菌素每千克体重0.05毫升，皮下注射，以患部附近注射最好，每周注射一次。苯甲酸10克，水杨酸5克，石炭酸1克，敌百虫1.5克，75%乙醇150毫升，溶解后涂擦患部，一天一次，连用2～3天，注意每次涂药面积不能超过体表面的1/3。

14. 急性肠胃炎

急性胃肠炎是猫咪胃、小肠、结肠黏膜发生急性炎症反应，临床上以呕吐、腹痛、腹泻、迅速消瘦等症状为特征。

导致胃肠炎的病因复杂多样，一般为：

①采食腐败变质食物、污染食物、刺激性化学药物、毒物及不易消化食物和毛发、纸屑、塑料片、化纤、玩具等均可引起胃肠炎。

②细菌病毒性感染，如沙门氏菌、大肠杆菌、轮状病毒在猫咪身体素质下降，抵抗力变弱时而致病，以猫泛白细胞减少症、钩端螺旋体病、急性胰腺炎、肝炎、肾炎等均可导致胃肠炎。

③肠道寄生虫感染，如蛔虫、球虫、绦虫、弓形体等也可导致胃肠炎。以及天气变化、环境改变等应激反应也可引起胃肠炎。

根据胃肠炎病史及症状易于初步诊断。

临床上胃炎、肠炎症状常同时出现，故一般均可按胃肠炎进行综合治疗。以除去病因，保护胃肠黏膜，止呕止泻，制止脱水为治疗原则。

①改善食物及饲喂方法。呕吐严重者可禁食固体食物一定时间，腹泻者禁喂不易消化食物，可少量多次喂给口服补液盐，待病情好转可先给流质食物如汤类、粉粥等，逐步过渡到常规食物。

②补液和调整酸碱平衡。

③对症治疗，止呕止泻。呕吐严重者，可注射盐酸甲氧氯普胺，口服吗丁啉等。久泻不止者可喂肠炎宁片等。

④为寄生虫所致，应选相应有效驱虫药。

⑤对细菌病毒感染者，可选用抗菌抗毒药。

⑥为保护心脏，增强治疗效果，可选用地高辛、地塞米松等药。

重点提示

合理饮食是预防猫咪急性胃肠炎的重要措施，应避免给猫咪提供复杂的食物混合，因为这样做会加大猫咪的胃肠道负担。建议采用少量多餐的方式，每次的食物量控制在猫咪原食量的一半左右，以确保猫咪能够一次吃完，避免食物剩余。

15. 胃毛球阻塞

胃毛球阻塞，多发生于长毛品种的猫咪。主要是由于将脱落的毛吞入胃内，日久而形成毛球，造成胃阻塞。

猫咪在日常梳理被毛过程中，经常把脱落的毛吞入胃内，正常猫咪具有将其吐出的生理功能，但有时不能将吞咽入胃的被毛完全吐出，日积月累，形成胃毛球。也有的猫咪由于体内缺少某种微量元素而发生异嗜，将被毛大量吞入胃中，粘附成毛球。

猫咪胃内因为积聚有大量毛球，所以进食困难，呈现饥饿状态，想吃但每次又吃不进多少食物，日久体重减轻，衰弱，高度消瘦，可视粘膜苍白。

主要采取促使毛球吐出或从肠道排出的办法。可内服石蜡油或植物油。石蜡油每次内服 5 毫升，每日 2 ~ 3 次，有助于毛球从肠道内排出或上行吐出；植物油用豆油、菜籽油均可，每次喂服 40 毫升。毛球排出后的 1 ~ 2 天内，应喂易消化的饲料。内服油剂无效时，应施行剖腹手术取出。

应经常给猫咪梳理被毛，把脱落的被毛捡拾干净，不让猫咪吞食。不定期地给猫咪吃些新鲜的青草以催吐，可预防复发。如果该猫咪有食毛的恶癖时，应在其常舔毛部位涂以苦水（如黄连水），猫咪因食到苦味而不再舔毛。

16. 支气管炎

支气管炎是猫咪常见的一种上呼吸道疾病，由于支气管黏膜发炎，临床表现呼吸困难、咳嗽。有急性与慢性之分。个别猫咪医治不力发展成肺炎。

引起猫咪支气管炎的主要病因是寒冷和潮湿空气吸入后的强烈刺激和继发感冒；其次是吸入了油烟、煤烟、二氧化硫、氮气等刺激性尘埃和气体；全身麻醉手术中食物倒流误入气管，灌药时，药液误入气管；继发于病原微生物感染、寄生虫侵害等。支气管发炎后，黏膜充血肿胀，上皮组织脱落，分泌增多，炎性产物刺激末梢神经，引发反射性咳嗽。由于炎性产物的集聚，使呼吸道气流障碍，供氧不足而表现呼吸困难。由于腺体分泌增加而随呼吸出现啰音。由于炎性分泌物给病原微生物提供了生存繁殖条件，而继发感染发生腐败性支气管炎，甚至引发支气管肺炎。

急性支气管炎初期症状为阵发性干咳，咳嗽不断。稍后随着炎性分泌物的增加转为湿咳，咯痰，体温升高，嗓子不舒服、呼吸困难，可听诊到支气管啰音。

急性支气管炎治疗不力会转为慢性气管支气管炎，时咳时止，夜间或早晨多发，呼吸音粗如拉风箱，阵发性剧烈咳嗽，呼吸困难，偶有窒息现象。X 射线拍片可见气管壁增厚，支气管镜检也可见支气管内有呈线状的黏液，黏膜粗糙增厚，听诊有啰音。

根据病史、临床症状，主要是咳嗽表现、支气管啰音可作出初步诊断，借助 X 射线透视、镜检可确诊猫咪患支气管炎。

治疗方法：

①改变环境：如果因空气污浊、地面潮湿所致，首先应将猫咪移放到新的清洁环境饲养；或改善现有环境状况，以利于猫咪生活成长。

②对症治疗：为了缓解症状可用麻黄素每千克体重 2~3 毫克，每日 1~3 次肌内注射；蛇胆川贝液等。

③抗菌消炎：如阿洛西林，每日每千克体重 100～200 毫克，分 2～3 次静脉滴注，连用 3～5 天；依诺沙星，100 毫克 / 片，一次口服 1/2 片，日服 3 次。

④补液。

⑤其他药：如氨哮素气雾剂、二丙酸培氯米松气雾剂等药。

17. 肺炎

肺炎是肺和细支气管的急性或慢性炎症。肺炎的原因通常是由支气管的炎症蔓延所致。其临床特征是体温升高、咳嗽、呼吸困难。当猫咪由于感冒、空气污浊、通风不良、维生素缺乏或寄生虫的移行等使呼吸道和全身抵抗力降低时，在细菌的继发感染下，都可引起肺炎。

患病猫咪表现精神沉闷，食欲减退或废绝，呼吸浅表、频率高，呈进行性呼吸困难。但呼吸困难的程度视肺部炎症范围的大小，炎症范围越大，呼吸困难症状越重。猫咪体温升高，可达40℃左右，咳嗽，流多量鼻液，初期为浆液性，以后变粘稠。呼吸增数，急促而浅表，呈胸腹式呼吸，甚至张口呼吸。肺区听诊可听到湿性啰音，X射线检查时，可见炎症部位呈现阴影，似云雾状，大小不等，甚至扩散融成一片。肺炎后期，全身症状更加明显，猫咪精神沉郁，喜卧嗜睡，饮食欲废绝，表现为极度衰竭。通常根据上述症状及发病史，可作出诊断。

本病的治疗原则：抗菌消炎，止咳平喘，制止炎性产物继续渗出，促使吸收与排出，加强饲养管理。

①消除炎症：常用抗生素和胶类制剂。青霉素、链霉素各5万单位，肌注，1日2次，连用3～5日。此外，土霉素、新霉素、红霉素、头孢霉素 V 及乙基环丙沙星等都有较好的疗效。

②祛痰止咳：同支气管炎疗法。

③制止渗出和促进炎性渗出物吸收：可用10%葡萄糖10～20毫升，维生素C5毫克，混合后静注或腹腔注射，1日1次，连用2～3日。呼吸困难的猫咪，可肌内注射硫酸庆大霉素0.5万单位每千克体重，或麻黄素0.03克。